westermann

Autor: Jens Peters

Herausgeber: Klaus Schilling

Mathematik für Berufliche Gymnasien

Beschreibende Statistik und Analysis I

Einführungsphase
Ausgabe für das Kerncurriculum 2018
in Niedersachsen

Arbeitsheft

1. Auflage

Bestellnummer 02425

Die in diesem Produkt gemachten Angaben zu Unternehmen (Namen, Internet- und E-Mail-Adressen, Handelsregistereintragungen, Bankverbindungen, Steuer-, Telefon- und Faxnummern und alle weiteren Angaben) sind i. d. R. fiktiv, d. h., sie stehen in keinem Zusammenhang mit einem real existierenden Unternehmen in der dargestellten oder einer ähnlichen Form. Dies gilt auch für alle Kunden, Lieferanten und sonstigen Geschäftspartner der Unternehmen wie z. B. Kreditinstitute, Versicherungsunternehmen und andere Dienstleistungsunternehmen. Ausschließlich zum Zwecke der Authentizität werden die Namen real existierender Unternehmen und z. B. im Fall von Kreditinstituten auch deren IBANs und BICs verwendet.

Die in diesem Werk aufgeführten Internetadressen sind auf dem Stand zum Zeitpunkt der Drucklegung. Die ständige Aktualität der Adressen kann vonseiten des Verlages nicht gewährleistet werden. Darüber hinaus übernimmt der Verlag keine Verantwortung für die Inhalte dieser Seiten.

service@westermann.de
www.westermann.de

Bildungsverlag EINS GmbH
Ettore-Bugatti-Straße 6-14, 51149 Köln

ISBN 978-3-427-**02425**-5

westermann GRUPPE

Vorwort

Das vorliegende Arbeitsheft nutzt als Basis die Leitlinie SchuCu-BBS (Schulisches Curriculum Berufsbildende Schulen) des Niedersächsischen Kultusministeriums.

Der Forderung, für den Mathematikunterricht ein kompetenzorientiertes schulisches Curriculum anzulegen, wird mit diesem Arbeitsheft Rechnung getragen.

Als zentrales Element sind die Lernsituationen so konzipiert, dass sie als vollständige Handlung begriffen werden können. Kernelemente in dem Zusammenhang sind die Handlungssituationen, die komplexe Lern- und Arbeitsprozesse initiieren. Sie sind den jeweiligen Lernsituationen untergeordnet. Ausgehend von berufsbezogenen Problemstellungen fordert ein jeweils eigens formulierter Auftrag die Lernenden dazu auf, den Lern- und Arbeitsprozess aktiv mitzugestalten. Schrittweise über kleine Teilaufgaben können die Lernenden auf diese Weise alle Phasen einer vollständigen Handlung durchlaufen.

Bezüglich der Phase „Informieren" sei das Buch-Icon  genannt. Dieses Icon signalisiert den Lernenden, dass sie die Seite im Lehrbuch durchlesen und angeben sollen, bei der eine Beschreibung zum fettgedruckten Begriff zu finden ist. Die Phase des „Reflektierens" wird durch die „Schlussfolgerung" am Ende der jeweiligen Handlungssituation umgesetzt. Hier haben die Lernenden die Möglichkeit, ihre Handlungsergebnisse vorzustellen und ausgehend von der Auftragsstellung noch einmal kritisch zu betrachten. Es ist selbstverständlich, dass die Ergebnisse zu den jeweiligen Problemstellungen von Lernenden zu Lernenden abweichen können. Deshalb haben die vorgeschlagenen Lösungen in der Ausgabe des Arbeitsheftes für die Lehrkraft (Bestellnummer **02427**) keinen Verbindlichkeitscharakter.

Die sich einer Handlungssituation anschließenden berufsbezogenen Anwendungsaufgaben unterstützen den Lernprozess. In den freien Textfeldern können Aufgabenlösungen dort eingetragen werden, wo sie hingehören: zur Aufgabenstellung. Die zuvor angeeignete Fachkompetenz wird durch die konkrete Anwendung gestärkt und gefestigt. Auch die Erweiterung der Fachkompetenz ist gesichert: Neue Buch-Icons fordern die Lernenden dazu auf, die in der Aufgabe erstmalig verwendeten Begriffe mithilfe des Lehrbuchs zu vertiefen und zu verankern.

Alle Begriffe, denen ein Buch-Icon angefügt wurde, werden im Anschluss in der Zusammenfassung nach einer Handlungssituation nochmals aufgegriffen. In Eigenverantwortlichkeit haben die Lernenden nun die Gelegenheit, im Nachvollzug Begriffserklärungen und ggfs. Formeln selbstständig anzugeben und somit ihren Lernprozess zu überprüfen. Die Förderung eigenverantwortlicher Aktivitäten eines Lernenden ist nicht nur an dieser Stelle gewährleistet. Sie zieht sich wie ein roter Faden durch das gesamte Arbeitsheft und fundamentiert somit die Befähigung der Schülerinnen und Schüler zu einem erfolgreichen lebenslangen Lernen.

Ein weiterer Baustein der Leitlinie SchuCu-BBS ist die Jahresplanung. Eine exemplarische zeitliche Übersicht der Lern- und Handlungssituationen kommt dieser Forderung nach und kann dem Lehrenden dazu behilflich sein, sich zeitlich- und organisatorisch für das aktuelle und folgende Schuljahr einzustellen. Diese Übersicht steht den Lehrenden im Lösungsband zur Verfügung.

Der Verfasser bittet alle Kollegen und Kolleginnen, das Arbeitsheft zu prüfen und durch konstruktive Kritik zur weiteren Verbesserung beizutragen.

Jens Peters

Inhaltsverzeichnis

1 Lernbereich: Beschreibende Statistik 5

1.1 Datenerhebung 5

Lernsituation: Statistiken beim Parfümhersteller – Teil 1 5

Handlungssituation: Umfrage in Haßloch 5

1.2 Kenngrößen einer Stichprobe 12

Lernsituation: Statistiken beim Parfümhersteller – Teil 2 12

Handlungssituation 1: Lagemaße bei der Marktuntersuchung 12

Handlungssituation 2: Streumaße bei der Produktforschung 20

2 Lernbereich: Elementare Funktionenlehre 25

2.1 Lineare Funktionen 25

Lernsituation: Markteinführung eines neuen Smartphones 25

Handlungssituation 1: Unterschiedliche Darstellungen von Smartphone-Kosten 25

Handlungssituation 2: Smartphone-Tarifvergleich 33

Handlungssituation 3: Preisgestaltung auf dem polypolistischen Smartphone-Markt 41

2.2 Quadratische Funktionen 47

Lernsituation: Die Probleme eines Monopolisten 47

Handlungssituation 1: Maximaler Gewinn eines monopolistisch agierenden Gastronomiebetriebs 47

Handlungssituation 2: Preisbildung im Monopol 55

2.3 Potenzfunktionen 62

Lernsituation: Die Kostensituation einer großen Kugel namens Sitting-Ball 62

Handlungssituation: Preiskalkulation einer besonderen Kugel 62

2.4 Exponentialfunktionen 70

Lernsituation: Vom exponentiellen Wachstum bei einer Fremdfinanzierung und vom exponentiellen Zerfall beim Bierschaum 70

Handlungssituation: Alkoholfreies Bier 70

2.5 Sinusfunktionen 76

Lernsituation: Die zurückgelegte Strecke eines Autoreifens 76

Handlungssituation: Die Radkralle 76

2.6 Vergleich von Potenz-, Exponential- und Sinusfunktionen 84

Lernsituation: Ertragswerte eines besonderen Kraftwerks 84

Handlungssituation: Das Meeresströmungs-Kraftwerk 84

2.7 Ganzrationale Funktionen 90

Lernsituation: Ein Schuhhersteller und seine besonderen Funktionen 90

Handlungssituation 1: Kosten eines Sportschuhs für eine Laufveranstaltung 90

Handlungssituation 2: Die Gewinnsituation des Herstellers Nima 96

Handlungssituation 3: Produktlebenszyklus eines Sportschuhs 103

3 Lernbereich: Ableitungen 109

3.1 Steigungen und Änderungsraten 109

Lernsituation: Wenn kleinste Veränderungen große Auswirkungen haben – Teil 1 109

Handlungssituation: Kraftstoffverbrauch beim Krankentransport 109

3.2 Zusammenhänge zwischen Graphen von Funktionen und deren Ableitungsgraphen 118

Lernsituation: Wenn kleinste Veränderungen große Auswirkungen haben – Teil 2 118

Handlungssituation 1: Gewinnsituation des Transportunternehmens 118

Handlungssituation 2: Kleinster Kostenanstieg beim Krankentransport 126

1 Lernbereich: Beschreibende Statistik

1.1 Datenerhebung

Lernsituation: Statistiken beim Parfümhersteller – Teil 1

Handlungssituation: Umfrage in Haßloch

Ein Parfümhersteller möchte sein Premiumprodukt durch eine moderne Flaschenform neu vermarkten. Nach einer längeren Entwicklungszeit schlägt die Abteilung für Produktdesign eine eingeschnürte und eine bauchige Flaschenform vor.

Eine Marktuntersuchung soll zeigen, ob eine der beiden Flaschenformen dazu führt, dass das Produkt wieder stärker gekauft wird. Sie sind Mitarbeiter bzw. Mitarbeiterin bei dem Parfümhersteller und wurden mit der Durchführung und Auswertung der Marktuntersuchung beauftragt.

Das Kaufverhalten der Kunden wird in Haßloch, einem rheinland-pfälzischen Ort mit 20 460 Einwohnern, getestet. Diese Ortschaft kommt infrage, da ihre Strukturen wie z. B. das Alter der Bevölkerung oder soziale Schichten dem deutschen Durchschnitt sehr ähnlich sind.

In einer ersten **Teilerhebung** in Haßloch mit 5 000 befragten Einwohnern geben 2 000 Personen an, das Produkt mit einer neuen Flaschenform kaufen zu wollen. Die restlichen Befragten haben kein Kaufinteresse. Im vorherigen Beobachtungszeitraum kauften 2 160 von insgesamt 6000 Drogeriemarktkunden das Produkt in der alten Form.

Auf eine schriftliche Anfrage zum Kaufinteresse des Parfüms mit neuer Flasche, bei der 600 Haushalte befragt wurden, antworteten 440. Die Teilergebnisse zeigt die Tabelle:

Merkmalsausprägung	absolute Häufigkeit	relative Häufigkeit
x_1		0,55
x_2		0,15
x_3		
Summe		1

Erläuterung der Merkmalsausprägungen:

x_1: Der Kunde wird das Produkt mit der neuen eingeschnürten Form kaufen (linke Abbildung).

x_2: Der Kunde wird das Produkt mit der neuen bauchigen Form kaufen (rechte Abbildung).

x_3: Der Kunde wird das Produkt mit der neuen Form nicht kaufen.

Auftrag

Beurteilen Sie auf der Grundlage der gegebenen Daten, ob eine neue Flaschenform dazu führt, dass das Produkt wieder verstärkt gekauft wird. Entscheiden Sie sich dann für eine der beiden Flaschenformen.

Für die Erledigung des Auftrags sind einige Teilaufgaben zu bearbeiten:

a) Beschreiben Sie für die Marktuntersuchung den Unterschied zwischen einer **Teilerhebung** und einer **Vollerhebung**.

b) Nennen Sie zwei **Merkmale**, die man untersuchen könnte, und die jeweils möglichen **Merkmalsausprägungen**.

c) Beschreiben Sie, wer oder was der **Merkmalsträger** ist und geben Sie für den beschriebenen Fall den maximal möglichen **Stichprobenumfang** an.

d) Begründen Sie, warum beispielsweise die Einwohner der ostfriesischen Stadt Emden für die oben beschriebene Markterhebung nicht infrage kommen. Verwenden Sie für Ihre Erläuterung den Begriff **Repräsentativität**.

Tipp: Internetrecherche zum Thema Testmarkt Haßloch

e) Beurteilen Sie auf der Grundlage der ersten Teilerhebung, ob eine neue Flaschenform dazu beitragen könnte, dass das Produkt wieder verstärkt gekauft wird. Verwenden Sie in dem Zusammenhang den Begriff **relative Häufigkeiten**.

f) Füllen Sie die leeren Zellen der obigen Tabelle (siehe S. 5) zur schriftlichen Anfrage aus und stellen Sie den Sachverhalt mithilfe eines ausführlich beschrifteten **Säulendiagramms** dar.

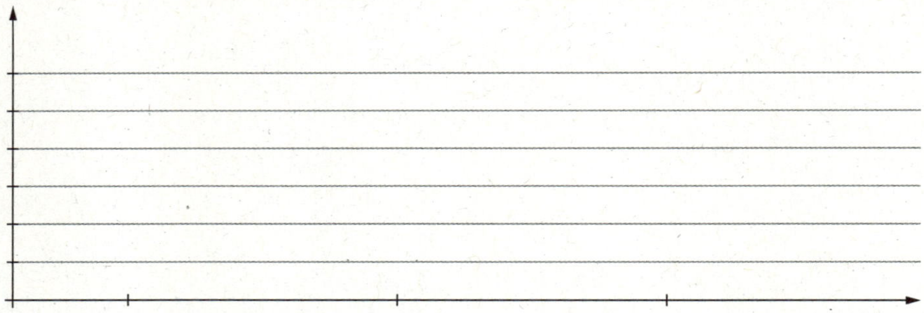

Schlussfolgerung

Ihre Auswahl und Begründung für eine Flaschenform:

Anwendungsaufgaben

1 Sie arbeiten in einem Institut, das sich auf die Planung, Durchführung und Auswertung von Umfragen zu Wahlen spezialisiert hat. Wegen einer anstehenden Landtagswahl in Niedersachsen sollen Vorbereitungen für eine am Wahltag zu veröffentlichende Prognose getroffen werden.

a) Nennen Sie Merkmale, die in einem Fragebogen enthalten sein könnten.

b) Beschreiben Sie für das Merkmal „Partei, die gewählt wird" die Begriffe Merkmalsträger, Merkmalsausprägung, Teilerhebung und Stichprobenumfang.

In der Abbildung sehen Sie das Ergebnis einer Landtagswahl in Niedersachsen.

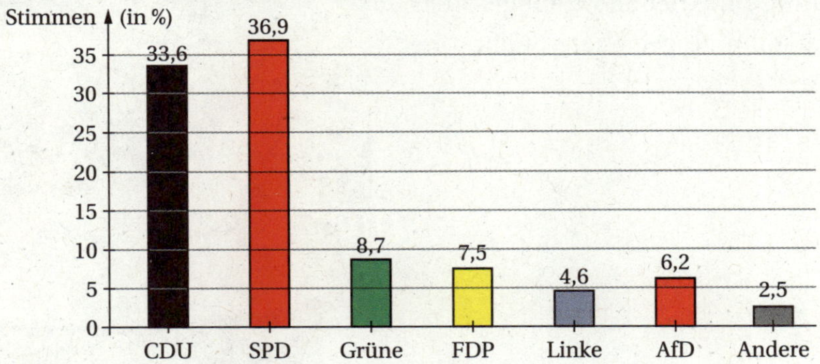

c) Erläutern Sie, welche Bedeutung die Zahlen über den Säulen haben.

Eine Überlegung Ihres Instituts ist, die bereits durchgeführte Umfrage in einem ländlich geprägten Wahlkreis als Prognose für Niedersachsen zu übernehmen. Das Säulendiagramm zeigt das vom Institut ermittelte Ergebnis.

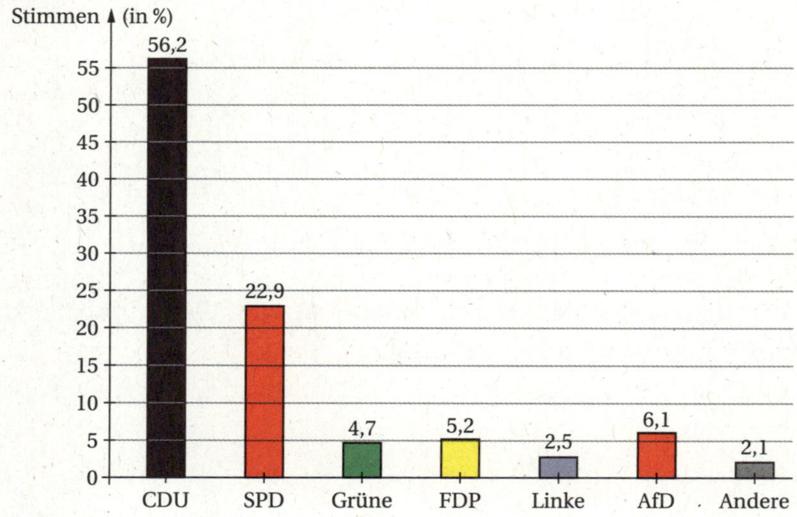

d) Beurteilen Sie das Vorhaben des Instituts kritisch.

2 Für die Platzierung eines neuen Jugendgetränks auf dem Markt soll eine geeignete Stichprobe erhoben werden.

a) Nennen Sie mögliche Merkmale.

b) Die Stichprobe soll von Ihnen geplant werden. Beschreiben Sie in dem Zusammenhang die Begriffe Merkmalsträger und Merkmalsausprägung unter der Berücksichtigung des Merkmals „Kaufinteresse“.

c) Für eine repräsentative Umfrage wurden 1 200 Umfragebögen versendet. Von den 750 antwortenden Personen gaben 300 an, das Getränk zu kaufen. Erstellen Sie für das Stichprobenergebnis ein Säulendiagramm. Nutzen Sie dazu das Koordinatensystem und beschriften Sie die Achsen sinnvoll.[1]

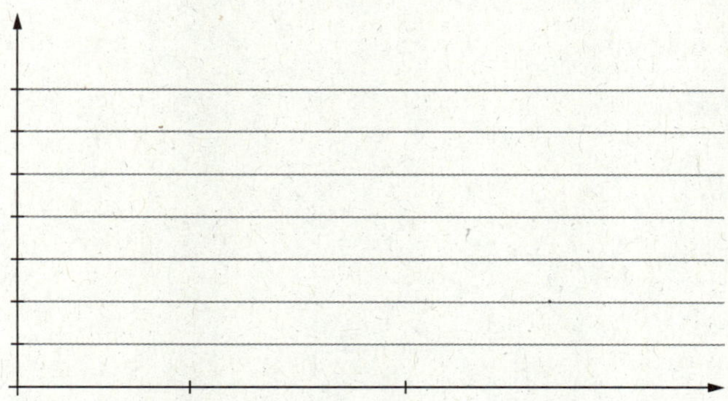

Ihre Zusammenfassung

Begriffe

- Merkmalsträger

- Merkmal

- Merkmalsausprägung

Ihre Zusammenfassung

- Vollerhebung
- Teilerhebung
- Stichprobenumfang n
- Absolute Häufigkeit n_i
- Relative Häufigkeit $h(x_i)$
- Repräsentative Umfrage
- Säulendiagramm
- Histogramm

1.2 Kenngrößen einer Stichprobe

Lernsituation: Statistiken beim Parfümhersteller – Teil 2

Handlungssituation 1: Lagemaße bei der Marktuntersuchung

Der Parfümhersteller favorisiert die eingeschnürte Flaschenform für sein Premiumprodukt. Eine bereits geplante Kampagne soll die neue Flaschenform bekannt machen und darüber hinaus dem Produkt zu einer Marke verhelfen.

Neben der Kampagne ist eine neue Preisgestaltung vorgesehen, die Sie als verantwortlicher Mitarbeiter bzw. Mitarbeiterin betreuen sollen.

Bei einer Teilerhebung mit einem Stichprobenumfang von $n = 200$, bei der man die bestehende Kundschaft zum Merkmal „Höchstpreis des Produktes" befragt hat, wurde die Merkmalsausprägung in 20-Cent-Schritten vorgegeben. Die Tabelle zeigt das Ergebnis der Teilerhebung.

Höchstpreis €/Stück x_i	**absolute Häufigkeiten** n_i	**relative Häufigkeiten** $h(x_i)$	$x_i \cdot h(x_i)$
8,00		0,15	
8,20	30		
8,40		0,20	
8,60	68		
8,80	24	0,12	
9,00	8		
	$n = 200$		

Auftrag

Bestimmen Sie einen Preis für das Premiumprodukt, sodass mindestens die Hälfte der bisherigen Kundschaft das Premiumprodukt auch weiterhin kauft.

Für die Erledigung des Auftrags sind einige Teilaufgaben zu bearbeiten:

a) Ergänzen Sie die fehlenden absoluten und relativen Häufigkeiten in der Tabelle.

b) Bestimmen Sie den **Modalwert** zum Merkmal „Höchstpreis".

c) Berechnen Sie das **arithmetische Mittel** zum Merkmal „Höchstpreis". Füllen Sie dazu die rechte Spalte der Tabelle aus und interpretieren Sie Ihr Ergebnis im Sachzusammenhang.

d) Bestimmen Sie den **Median** zu den gegebenen Daten und interpretieren Sie das Ergebnis im ökonomischen Sachzusammenhang.

Schlussfolgerung

Ihr Preisvorschlag zum Premiumprodukt:

Anwendungsaufgaben

1 Die Geschäftsleitung der *Spiele AG*, ein Hersteller von Gesellschaftsspielen, möchte die Verkaufsstrategie des Unternehmens ändern und zieht zur Analyse der bisherigen Verkaufsstrategie die Verkaufszahlen aller Produkte zurate. Entsprechende Informationen sind dem folgenden Schaubild zu entnehmen:

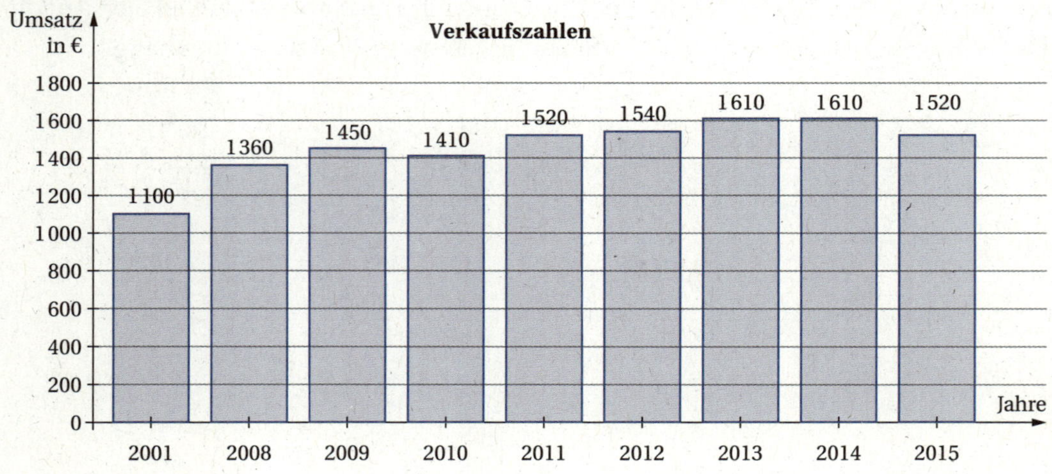

a) Berechnen Sie das arithmetische Mittel für die Umsätze ab 2008. Nutzen Sie für Ihre Rechnungen die Tabelle.

Umsätze in €	absolute Häufigkeit	relative Häufigkeit	

b) Bestimmen Sie den Median und den Modalwert ab 2008.

c) Begründen Sie, warum die Umsätze für das Jahr 2001 nicht in die Berechnung der Kennzahlen einbezogen werden sollten.

2 Die *Spiele AG* aus Aufgabe 1 stellt für ihre Spiele mehrere Arten von Spielsteinen her. Bei jeder Charge einer Spielsteinsorte werden regelmäßig die Soll-Größen überprüft.

Aus einer bestimmten Sorte Spielsteine mit einer Soll-Dicke von 13 mm und einer Soll-Höhe von 5 cm sind zufällig 75 Stück entnommen worden. Die Ergebnisse der Messung der Figurendicke wurden **klassiert**. Das arithmetische Mittel aus den **Klassenmitten** ergab einen Wert von $\bar{x} = 12{,}92$ mm.

Weitere, teils unvollständige Ergebnisse, die kaufmännisch gerundet wurden, sind beiden Tabellen zu entnehmen.

Höhe in cm	[4,65; 4,75)	[4,75; 4,85)	[4,85; 4,95)	[4,95; 5,05)	[5,05; 5,15)	[5,15; 5,25)	[5,35; 5,45)	[5,65; 5,75]
Klassenmitte x_i^*	4,7	4,8	4,9	5	5,1	5,2	5,4	5,7
Anzahl	4	6	13	30	14	3	3	2

Dicke in mm (Klassenmitte x_i^*)	12	12,5	13	13,5	**b**
Anzahl	10	19	**a**	17	2

a) Berechnen Sie ohne GTR das arithmetische Mittel der Höhe der Spielsteine. Nutzen Sie die Tabelle.

Klassenmitte x_i^* zum Merkmal:	**absolute Häufigkeit**	**relative Häufigkeit**	

b) Berechnen Sie die fehlenden Werte a und b (siehe Tabelle 2).

c) Beurteilen Sie das arithmetische Mittel der Spielsteinhöhen als Kenngröße der Produktionsqualität.

3 Auf einer Schiffswerft werden 400 Personen beschäftigt. Das Gehaltsgefälle ist sehr stark, da das Unternehmen hauptsächlich Mitarbeiter im produktiven Bereich beschäftigt. Die Geschäftsleitung dagegen ist sehr klein.
Für die Auswertung der relativen Häufigkeiten der Monatsgehälter sind Klassen eingeteilt worden. Klassen, in denen kein Monatsgehalt enthalten war, wurden nicht aufgelistet.

Monatsgehalt in €	Klassenmitte x_i^*	Anteil in %
[1 375; 1 625)	1 500,00	6
[1 625; 1 875)	1 750,00	45,5
[1 875; 2 125)	2 000,00	22,5
[2 125; 2 375)	2 250,00	20,5
[2 375; 2 625]	2 500,00	5
[7 875; 8 125]	8 000,00	x

a) Bestimmen Sie den fehlenden Wert für x.

b) Berechnen Sie die Anzahl der Personen, die zwischen 7 875,00 € und 8 125,00 € monatlich verdienen.

c) Berechnen Sie ohne GTR das arithmetische Mittel zum Merkmal „Monatsgehalt in Euro“. Formulieren Sie einen Antwortsatz.

Merkmalsausprägung x_i^*	**absolute Häufigkeit**	**relative Häufigkeit**	

d) Die Geschäftsleitung begründet das eigene hohe Einkommen damit, dass der Durchschnittsverdienst insgesamt sehr hoch ist: *„Vergleicht man das Durchschnittsgehalt mit anderen Personen, die im produktiven Bereich einer Werft arbeiten, liegt der in Teilaufgabe c) berechnete Wert deutlich darüber“*, argumentiert die Werftleitung.
Beurteilen Sie diese Aussage kritisch.

e) Ein Arbeitnehmervertreter sucht nach einem Argument, um für die Werftmitarbeiter höhere Monatsgehälter zu erkämpfen. Bestimmen Sie dafür ein geeignetes Lagemaß.

Ihre Zusammenfassung

Begriffe

- Klassierte Daten
- Lagemaße
- Modus oder Modalwert
- Modalklasse
- Arithmetisches Mittel
- Arithmetisches Mittel klassierter Daten
- Median oder Zentralwert
- Mediananklasse

Handlungssituation 2: Streumaße bei der Produktforschung

Die von dem Parfümhersteller geplante neue Flaschenform muss einigen physikalischen Kriterien standhalten. Darunter ist eine Vorgabe, dass die Glasflasche einen Druck von mindestens 1,5 bar[1)] aushalten soll. Für die Herstellung der neuen Flaschen kommen zwei Verfahren infrage, die bereits jeweils mithilfe einer Teilerhebung auf maximale Druckfestigkeit des Endprodukts getestet wurden. Für die Auswertung der Testreihe wurden die Ergebnisse klassiert (siehe Tabelle).

Bei Verfahren A wurde bei einer **empirischen Standardabweichung** von $\sigma = 0$ bar ein arithmetisches Mittel von $\bar{x} = 1{,}6$ bar evaluiert. Bei Verfahren B ist bekannt, dass der Stichprobenumfang $n = 40$ war und es keine Flasche gab, die bei exakt 1,75 bar zerbrach.

Druckfestigkeit in bar	Klassenmitte in bar x_i^*	Relative Häufigkeit $h(x_i^*)$		$x_i^* - \bar{x}$	$(x_i^* - \bar{x}) \cdot h(x_i^*)$		
[1,35; 1,45)	1,4	0,275		−0,2	−0,055		
[1,45; 1,55)	1,5	0,025		−0,1	−0,0025		
[1,55; 1,65)	1,6	0,40		0	0		
[1,65; 1,75)	1,7	0,025		0,1	0,0025		
[1,75; 1,85]	1,8	0,275		0,2	0,055		
					Summe = 0		

Hinweis: Die grau schattierten Felder mit dem Summanden $x_i^* - \bar{x}$ markieren einen Irrweg, weil ihre Summe 0 ist.

Die Geschäftsleitung hat Sie damit beauftragt, die Ergebnisse beider Verfahren auszuwerten und eine Empfehlung für ein Verfahren zu geben.

Auftrag

Beurteilen Sie, welches der beiden Produktionsverfahren sich am besten eignet.

Für die Erledigung des Auftrags sind einige Teilaufgaben zu bearbeiten:

a) Zeigen Sie für die Ergebnisse der Teilerhebung im Verfahren B, dass das arithmetische Mittel $\bar{x} = 1{,}6$ bar ist und bestimmen Sie die empirische Standardabweichung. Nutzen Sie die Tabelle.

1) bar: Maßeinheit für Druck; typischer Luftdruck in Meereshöhe ist 1 013 mbar = 1,013 bar.

b) Geben Sie jeweils die **Spannweite** der Ergebnisse zu den Teilerhebungen an.

c) Bestimmen Sie für das Ergebnis der Teilerhebung von Verfahren B das **einfache Streuungsintervall** $[\overline{x} - \sigma; \overline{x} + \sigma]$ und geben Sie die absolute Häufigkeit der Flaschen an, die **„normal"** waren.

Schlussfolgerung

Ihre Beurteilung, welches der beiden Produktionsverfahren sich am besten eignet:

Anwendungsaufgaben

1. In der Buchhaltung eines mittelständischen Unternehmens arbeiten vier Angestellte. Aufgrund der unterschiedlichen Anforderungen an die vier Personen ist deren Monatsverdienst auch unterschiedlich hoch. Die beiden linken Spalten der Tabelle nennen die Gehälter und ihre Häufigkeiten.

Monatsgehalt in €	**absolute Häufigkeit**					
1 800,00	1					
1 900,00	1					
2 100,00	1					
2 200,00	1					

a) Zeigen Sie, dass das durchschnittliche Monatsgehalt in der Buchhaltung 2 000,00 € beträgt. Nutzen Sie die freien Spalten der Tabelle. Formulieren Sie eine Antwort.

b) Nehmen Sie Stellung zur folgenden Aussage:
„Die Standardabweichung ist die durchschnittliche Abweichung vom arithmetischen Mittel. Da 1 800,00 € und 2 200,00 € vom arithmetischen Mittel 200,00 € entfernt sind und die Gehälter 1 900,00 € und 2 100,00 € jeweils 100,00 €, ist die Standardabweichung

$$\sigma = \frac{2 \cdot 200{,}00\,€ + 2 \cdot 100{,}00\,€}{4} = 150{,}00\,€.\text{“}$$

Führen Sie alle notwendigen Berechnungen durch.
Nutzen Sie die Tabelle für die Berechnung der empirischen Standardabweichung.

2. Ein Hersteller für Wurstwaren hat sich auf die Herstellung von Brühwürsten spezialisiert.
Täglich werden mehrere hundert Dosen mit je vier oder zehn Würsten ausgeliefert. Die Kunden möchten ein Produkt mit immer gleichen Eigenschaften.
Also werden im Rahmen der Qualitätssicherung u. a. die Wurstlängen gemessen. Die letzte Stichprobe von 120 Würsten wurde tabellarisch erfasst.

Wurstlänge in cm	**Klassen-mitte**	**absolute Häufigkeit**	**relative Häufigkeit**			
[17,55; 17,65)			0,025			
[17,65; 17,75)			$\frac{1}{24}$			
[17,75; 17,85)						
[17,85; 17,95)			0,175			
[17,95; 18,05)			0,20			
[18,05; 18,15)			$\frac{11}{60}$			
[18,15; 18,25)			0,125			
[18,25; 18,35)		12				
[18,35; 18,45]			0,075			

a) Bestimmen Sie die fehlenden absoluten und relativen Häufigkeiten. Tragen Sie die Ergebnisse in die Tabelle ein.

b) Berechnen Sie das arithmetische Mittel der Wurstlängen sowie die Standardabweichung.

Ihre Zusammenfassung

Begriffe

- Streumaße

- Spannweite

- Spannweite bei klassierten Daten

- Empirische Varianz

- Empirische Varianz bei klassierten Daten

- Empirische Standardabweichung

- Einfaches Streuungsintervall

2 Lernbereich: Elementare Funktionenlehre

2.1 Lineare Funktionen

Lernsituation: Markteinführung eines neuen Smartphones

Handlungssituation 1: Unterschiedliche Darstellungen von Smartphone-Kosten

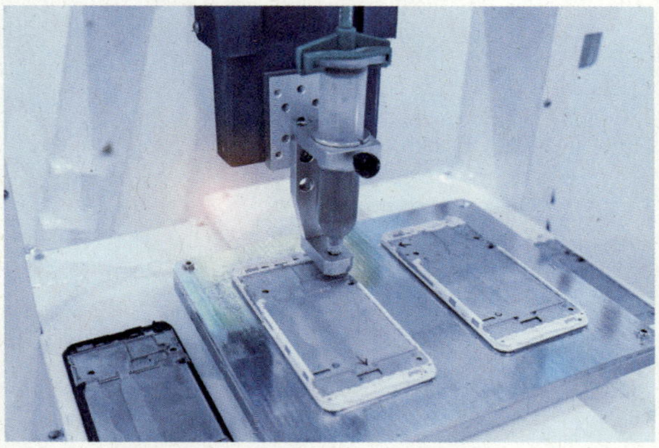

Das Unternehmen *Cosia* möchte seine Aktivitäten auf dem Marktsektor der elektronischen Kommunikationsindustrie erweitern. Die bisherigen Entwicklungsarbeiten versprechen, dass *Cosia* im nächsten Geschäftsjahr ein neuartiges Smartphone auf dem Markt präsentieren kann.

Die entstandenen **Fixkosten** werden auf 50 Monate verteilt, sodass monatlich 35 000,00 € berücksichtigt werden müssen. Die Geschäftsleitung möchte pro Monat 400 Stück produzieren. Damit wäre die Produktion zu 80 % ausgelastet. Sie sind Mitarbeiter bzw. Mitarbeiterin im Controlling und sollen der Geschäftsleitung die aktuelle Situation in der Produktion verdeutlichen. Ihnen ist bekannt, dass die **variablen Stückkosten** des Smartphones bei 10,00 € pro Stück liegen. Neben den bereits genannten Fixkosten gibt es weitere Fixkosten in Höhe von 49 000,00 € pro Monat.
Sie gehen davon aus, dass das Smartphone für 210,00 € pro Stück verkauft werden kann.

Auftrag

Beurteilen Sie, ob die geplante monatliche Verkaufsmenge ausreicht, damit das Unternehmen keinen Verlust erzielt. Bereiten Sie dazu die Daten auf und erläutern Sie im Sachzusammenhang die notwendigen mathematischen Fachbegriffe.

Für die Erledigung des Auftrags sind einige Teilaufgaben zu bearbeiten:

a) Veranschaulichen Sie die **Kostenfunktion** K, die die Anzahl der Smartphones auf die Kosten in Euro abbildet, auf drei unterschiedliche Arten:
   - Bestimmen Sie die **Funktionsgleichung**,
   - erstellen Sie eine **Wertetabelle** für die Kostenfunktion und
   - zeichnen Sie den **Graphen** von K in einem vollständig beschrifteten **Koordinatensystem**.

Funktionsgleichung:

Wertetabelle:

Graph:

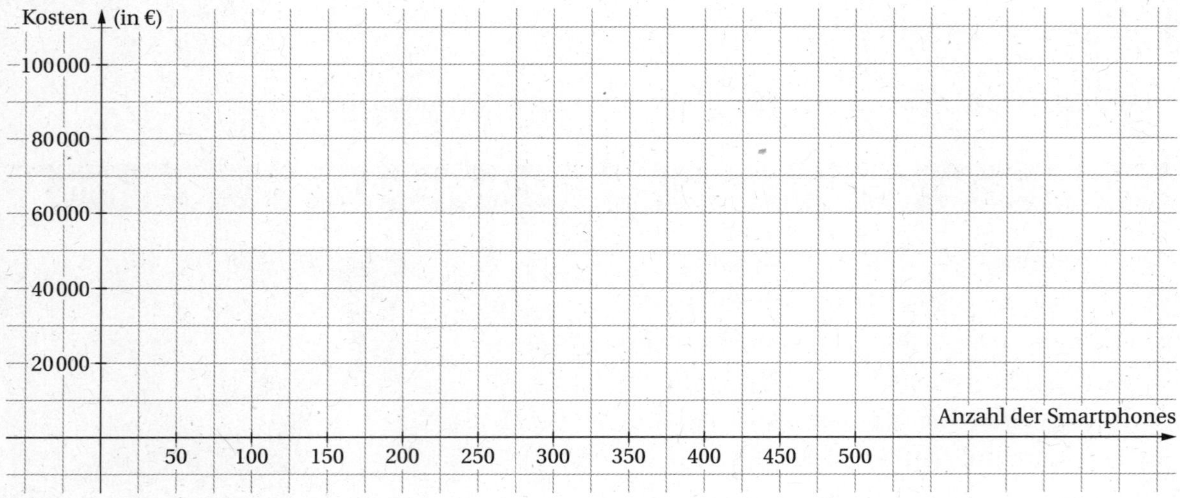

b) Geben Sie den **Ordinaten**abschnitt von K an und bestimmen Sie die Höhe der Kosten bei einem **Abszisse**nwert von 300.

c) Begründen Sie, warum der Graph der Kostenfunktion in seinem ökonomischen Definitionsbereich nur im **1. Quadranten** verläuft. Geben Sie dazu den **ökonomischen Definitionsbereich** und den **ökonomischen Wertebereich** für K in Intervallschreibweise an.

d) Zeigen Sie, dass der Punkt $P(400|84\,000)$ auf dem Graphen der **Erlösfunktion** liegt und bestimmen Sie ***K*(400)**. Beurteilen Sie, ob sich der Verkauf der geplanten Stückzahl lohnt.

Schlussfolgerung

Ihre Beurteilung für die geplante Verkaufszahl:

Anwendungsaufgaben

1. Bei der Herstellung von Blumentöpfen sieht sich ein Unternehmen der folgenden Kostensituation gegenüber, die die Anzahl der Töpfe auf die Kosten in Euro abbildet.

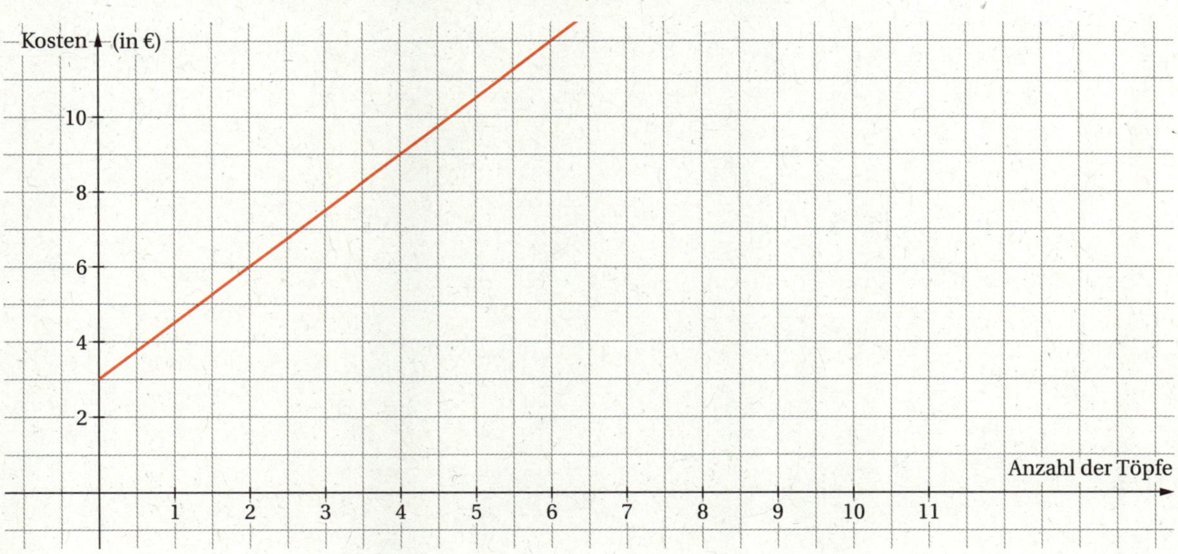

a) Erläutern Sie, was der Punkt P(6 | 12) bedeutet.

b) Geben Sie $K(0)$ an und erläutern Sie Ihr Ergebnis im ökonomischen Sachzusammenhang.

c) Beschreiben Sie, was $K(1) = 4{,}50$ im ökonomischen Sachzusammenhang bedeutet.

d) Geben Sie die variablen Stückkosten an (= Kostenzuwachs pro Stück).

2. Das Unternehmen *Sun Protect* hat sich auf die Produktion von Sonnenschirmen spezialisiert. Die Abbildung zeigt die Erlös- und Kostensituation, die jeweils die Anzahl der hergestellten und verkauften Sonnenschirme auf die Erlöse bzw. Kosten in Euro abbildet.

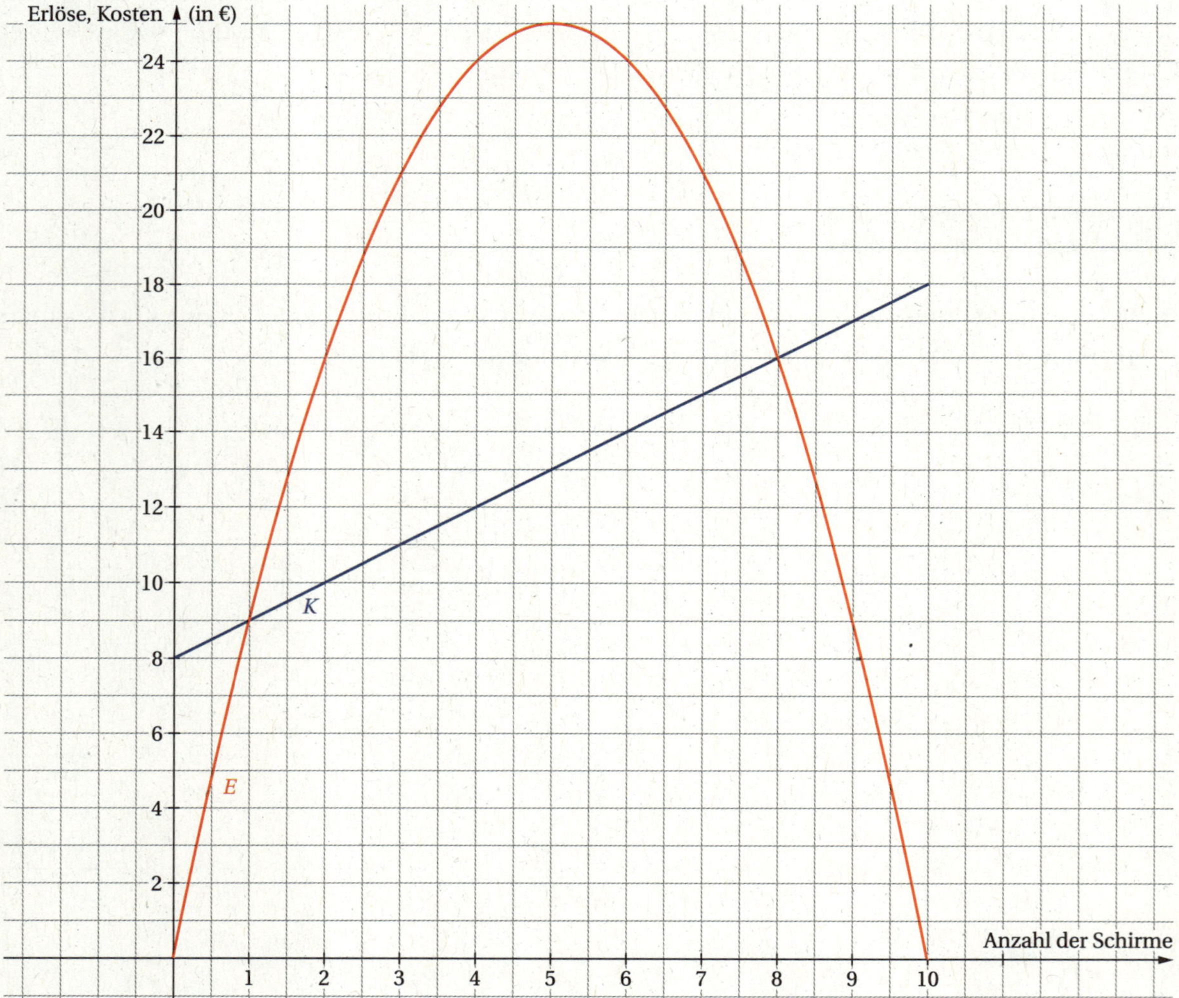

a) Geben Sie die Fixkosten an.

b) Geben Sie die erlösmaximale Menge an.

c) Bestimmen Sie die variablen Stückkosten eines Sonnenschirms.

d) Bestimmen Sie $E(1)$ und $K(1)$ und begründen Sie, warum sich die Produktion erst ab $x = 1$ ME und nicht schon bei $x = 0$ ME lohnt.

3. Ein Unternehmen stellt Handtaschen her. Bei seinem Premiumprodukt sieht sich das Unternehmen der abgebildeten **Gewinn**situation gegenüber (x-Achse = Anzahl in ME, y-Achse = Gewinn in €). Der Graph ist bis zur Kapazitätsgrenze eingezeichnet.

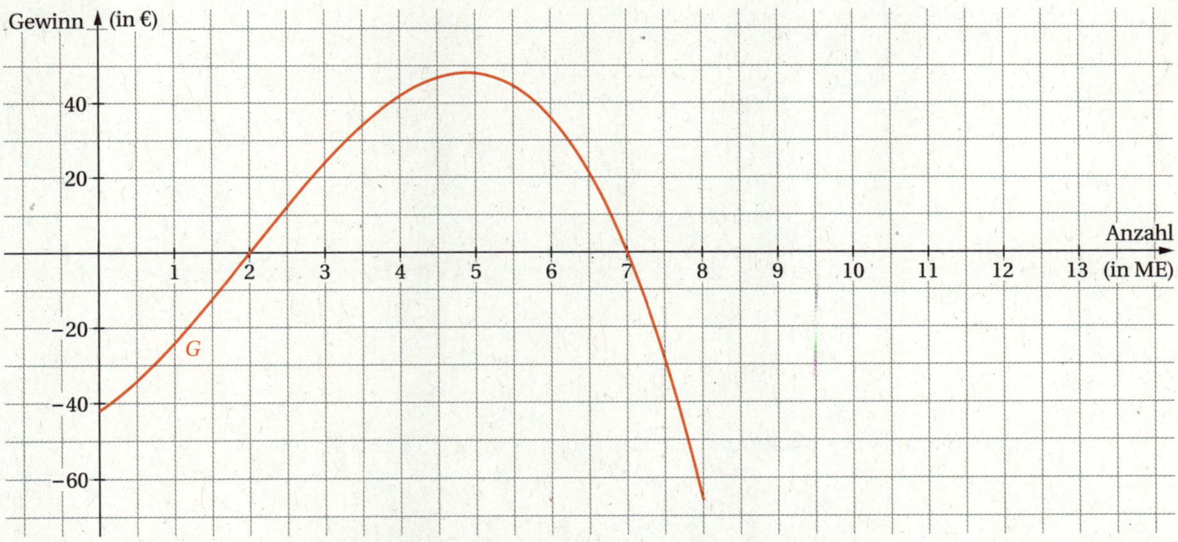

a) Geben Sie an, ab wann sich die Produktion lohnt (**Gewinnschwelle**).

b) Geben Sie an, ab wann das Unternehmen keinen Gewinn mehr erzielt (**Gewinngrenze**).

c) Geben Sie den angenommenen ökonomischen Definitionsbereich in Intervallschreibweise an.

4. Eine Bank wirbt im Internet mit dem abgebildeten Sparangebot.

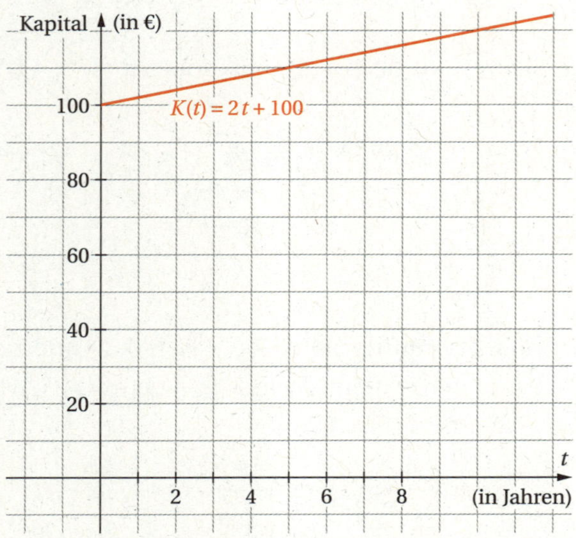

a) Geben Sie das zugrunde gelegte Startkapital an.

b) Geben Sie $K(8)$ an und interpretieren Sie das Ergebnis im ökonomischen Zusammenhang.

c) Geben Sie an, nach wie vielen Jahren das Kapital 120,00 € beträgt.

d) Beschreiben Sie, um welchen festen Betrag das Kapital pro Jahr steigt.

Ihre Zusammenfassung

Begriffe

- Variable Kosten
- Fixkosten
- Funktion
- Stelle
- Funktionsterm
- Funktionswert
- Funktionsgleichung
- Wertetabelle
- Graph
- Koordinatensystem

Ihre Zusammenfassung

Begriffe

- Abszisse
- Ordinate
- (Ökonomischer) Definitionsbereich
- (Ökonomischer) Wertebereich
- Quadrant
- Intervall, geschlossen
- Intervall, offen
- Intervall, halboffen oder halbgeschlossen

Ihre Zusammenfassung

Begriffe

- Punkt
- Erlös
- Kosten
- Gewinn
- Gewinnschwelle
- Gewinngrenze

Handlungssituation 2: Smartphone-Tarifvergleich

Die Planungen des Smartphone-Herstellers *Cosia* sind weit fortgeschritten; für den Kunden sind neben der Anschaffung aber auch die Tarife entscheidend. Sie planen selbst, sich das neue Smartphone von *Cosia* mit einem Vertrag zuzulegen und haben dazu zwei Tarife in die engere Auswahl genommen. Der erste Tarif eignet sich vor allem für „Vieltelefonierer", der zweite ist auf die „Normaltelefonierer" zugeschnitten.

Die Kosten eines der oben genannten Tarife richten sich nach der **linearen Funktion** $K_1(t) = 0{,}15\,t + 5$, die die Telefoneinheiten in Minuten auf die Kosten in Euro abbildet. Bei dem anderen Tarif bezahlen die Kunden für 80 Telefoneinheiten (TE) insgesamt 18,00 €, für 110 TE sind es 21,00 €.

Auftrag

Bereiten Sie die genannten Daten grafisch und rechnerisch auf und beurteilen Sie, bei wie viel Telefoneinheiten jemand als „Normaltelefonierer“ gilt. Verwenden Sie in dem Zusammenhang die Intervallschreibweise. Entscheiden Sie sich für einen der Tarife.

Für die Erledigung des Auftrags sind einige Teilaufgaben zu bearbeiten:

a) Zeichnen Sie die **Gerade** zur Kostenfunktion K_1 in das abgebildete Koordinatenkreuz.

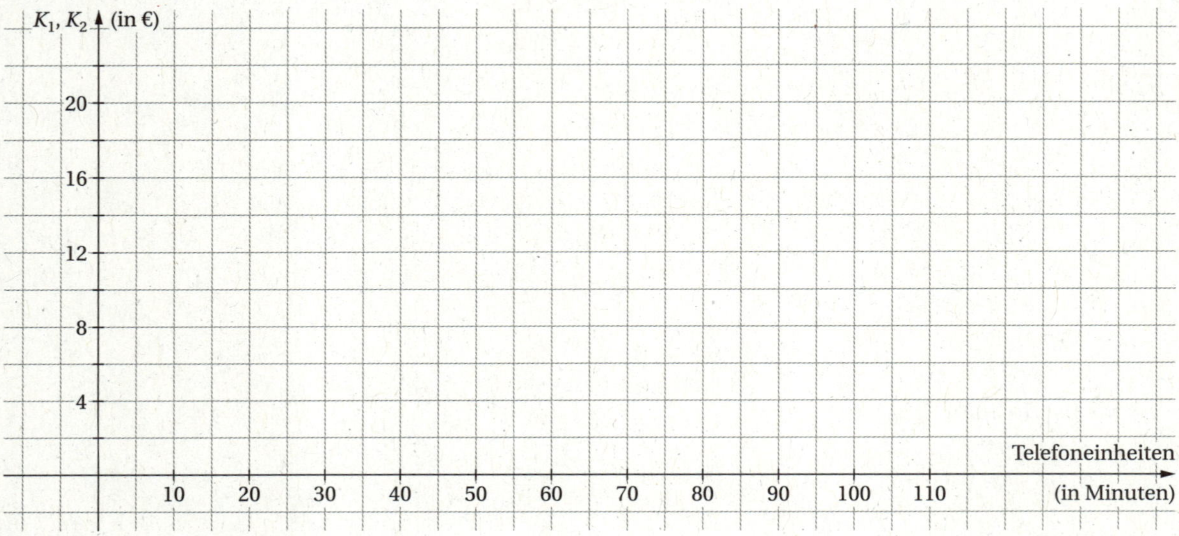

b) Bestimmen Sie den Kostenzuwachs pro TE (= variable Stückkosten) bei dem Tarif mit der Kostenfunktion K_1.

c) Bestimmen Sie die Grundgebühr, die ein Kunde bei dem Tarif mit der Kostenfunktion K_1 zahlt.

d) Zeichnen Sie die zum zweiten Tarif gegebenen Informationen als Punkte in das Koordinatenkreuz.

e) Zeichnen Sie eine Gerade durch die Punkte. Berechnen Sie die **Steigung** der eingezeichneten Geraden und kennzeichnen Sie Ihr Ergebnis im Koordinatensystem.

f) Berechnen Sie den ***y*-Achsenabschnitt** (= Ordinatenabschnitt) des Graphen, der zum zweiten Tarif gehört.

g) Berechnen Sie die **Schnittstelle** der Graphen beider Tarife. Nutzen Sie für den zweiten Tarif die Funktionsgleichung $K_2(t) = 0{,}10\,t + 10$.

Schlussfolgerung

Ihre aufbereiteten Daten und das Intervall für die Telefoneinheiten, bei dem man als „Normaltelefonierer“ gilt, sowie Ihre Entscheidung für einen der beiden Tarife:

Anwendungsaufgaben

1. Eine Autovermietung hat für die Bereitstellung eines Personenwagens die folgenden beiden Tarife zur Auswahl:

- Tarif I: 47,00 € Grundgebühr und 0,42 € je km
- Tarif II: 32,00 € Grundgebühr und 0,57 € je km

a) Stellen Sie für jeden Tarif die Funktionsgleichung auf, wobei die Fahrtstrecke mit x km und die täglichen Kosten mit y € angesetzt werden.

b) Bestimmen Sie für beide Tarife die Kosten, die bei einer Fahrt von 70 km und bei einer Fahrt von 135 km entstehen.

c) Zeichnen Sie die Graphen beider Funktionen in das Koordinatensystem in [0; 150]. Beschriften Sie die Achsen geeignet.

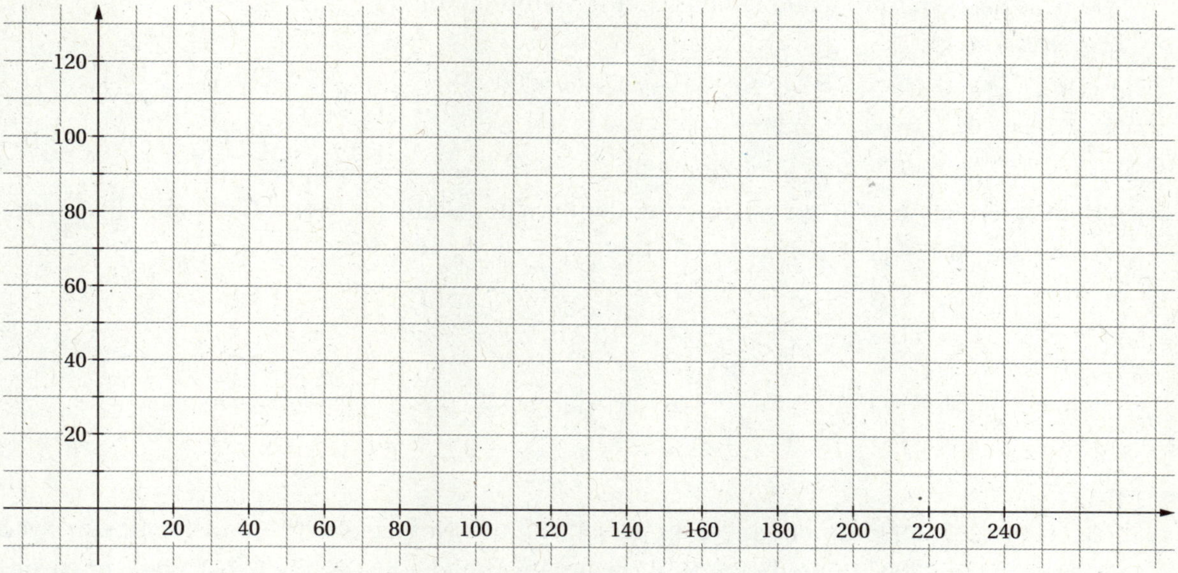

d) Berechnen Sie, wie weit jemand bei Tarif I fahren kann, wenn er 110,00 € zur Verfügung hat.

2. Florian und Emma haben denselben Internetanbieter: Florian zahlt bei 1 750 Minuten Nutzungszeit einen Betrag von 29,00 €, Emma bei 2 050 Minuten Nutzungszeit einen Betrag von 32,60 €.

a) Berechnen Sie die Kostenfunktion K_1, die in Abhängigkeit von der Nutzungszeit die Kosten angibt. Die Abszisse sei durch t (time) definiert.

b) Zeigen Sie, dass bei einem anderen Internetanbieter mit der Kostenfunktion K_2 mit $K_2(t) = 0{,}013\,t + 6$ bei einer Internetnutzungsdauer von 2 050 Minuten höhere Kosten entstehen als bei dem Internetanbieter mit der Kostenfunktion K_1.

c) Berechnen Sie die Nutzungsdauer bei dem zweiten Anbieter, wenn Carla eine Rechnung in Höhe von 30,18 € erhalten hat.

d) Bei einem dritten Internetanbieter kostet jede Minute Nutzungszeit 10 % mehr als beim zweiten Anbieter. Für 1 200 Minuten zahlt Paul bei diesem Anbieter insgesamt 22,16 €. Berechnen Sie die Grundgebühr des dritten Internetanbieters.

3. In der Produktion eines Stativherstellers fallen jährlich Fixkosten in Höhe von 10 500,00 GE an. Die variablen Kosten betragen pro ME der Stative 25 GE. Die Produktion kann höchstens 200 ME pro Jahr fertigen. Der erzielbare Marktpreis liegt bei 100 GE/ME, die Erlösfunktion, die die verkaufte Menge auf den Erlös abbildet, ist damit durch E mit $E(x) = 100x$ gegeben.

a) Bestimmen Sie den ökonomischen Definitionsbereich.

b) Bestimmen Sie die Kosten- und die Gewinnfunktion, die jeweils die Menge auf die Kosten bzw. auf den Gewinn abbilden.

c) Bestimmen Sie die Menge, die genauso hohe Kosten wie Erlöse verursacht. Verwenden Sie in diesem Zusammenhang den Begriff **Break-even-Point**.

d) Zeichnen Sie den Graphen der Gewinnfunktion in das Koordinatensystem. Beschriften Sie die Achsen geeignet.

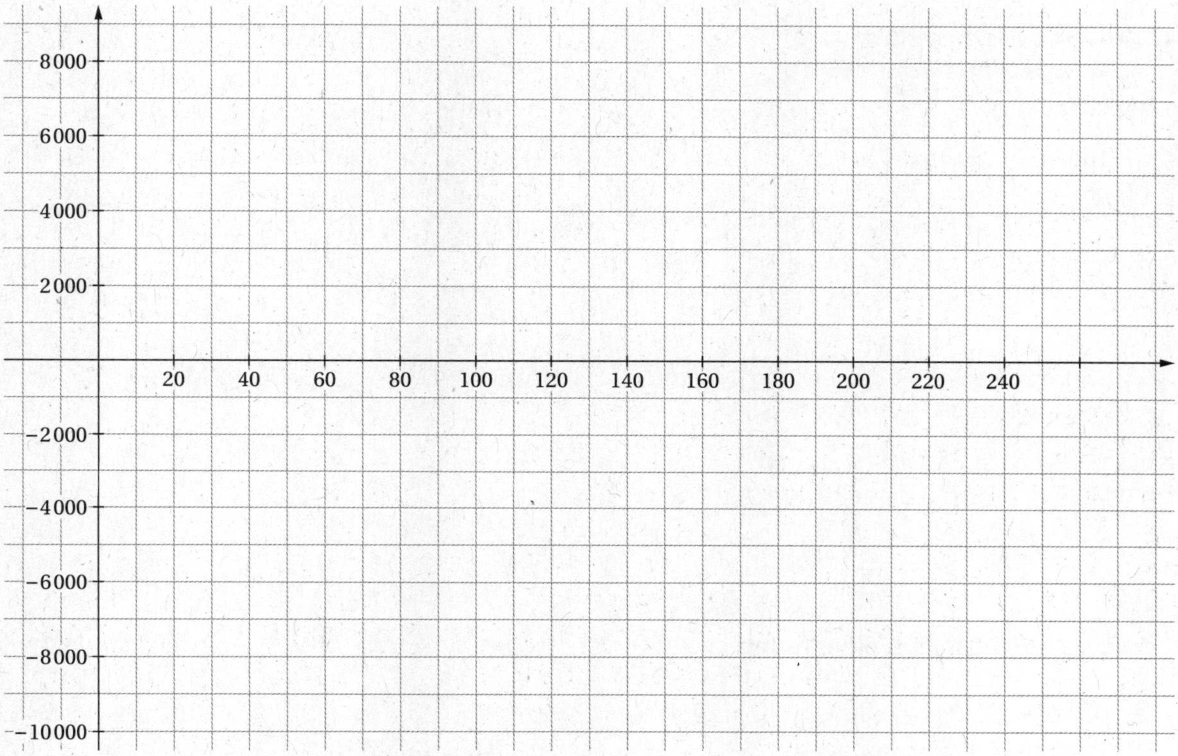

e) Bestimmen Sie $G(x) = 0$ und interpretieren Sie Ihr Ergebnis wirtschaftlich. Verwenden Sie dazu den Begriff **Nullstelle**.

f) Berechnen Sie die Menge, die notwendig ist, um einen Gewinn von 1 125 GE zu erzielen.

Durch eine Umstellung der Produktion wurde die Kostenstruktur der Abteilung verändert. Werden nun 105 ME der Stative hergestellt, so entstehen Kosten in Höhe von 12 015 GE. Bei einer Produktion von 175 ME entstehen Kosten in Höhe von 13 625 GE.

g) Berechnen Sie die Höhe der variablen Stückkosten.

Ihre Zusammenfassung

Begriffe

- Lineare Funktion
- Gerade
- Steigung einer Geraden
- Ordinatenabschnitt einer Geraden
- Nullstelle
- Schnittstelle/Schnittpunkt
- Break-even-Point

Handlungssituation 3: Preisgestaltung auf dem polypolistischen Smartphone-Markt

Der Smartphone-Markt ist ein stark umkämpfter, polypolistischer Markt, d. h. es gibt viele Anbieter auf der einen Seite und viele Nachfrager auf der anderen Seite. Auch das neuartige Smartphone von *Cosia* hat Nachahmer gefunden, sodass der Hersteller mit anderen Mitbewerbern ein gleichartiges Produkt auf den Markt bringen wird. Als Mitarbeiter bzw. Mitarbeiterin im Controlling von *Cosia* ist es Ihre Aufgabe, einen geeigneten Preis für das neue Smartphone festzulegen.

Mit einer Umfrage haben Sie die Nachfrage nach dem Smartphone von *Cosia* ermittelt. Die Abbildung zeigt den Graphen der **Nachfragefunktion,** die der nachgefragten Menge den Preis zuordnet. Eine Mengeneinheit (ME) entspricht dabei 10 000 nachgefragten Stück.

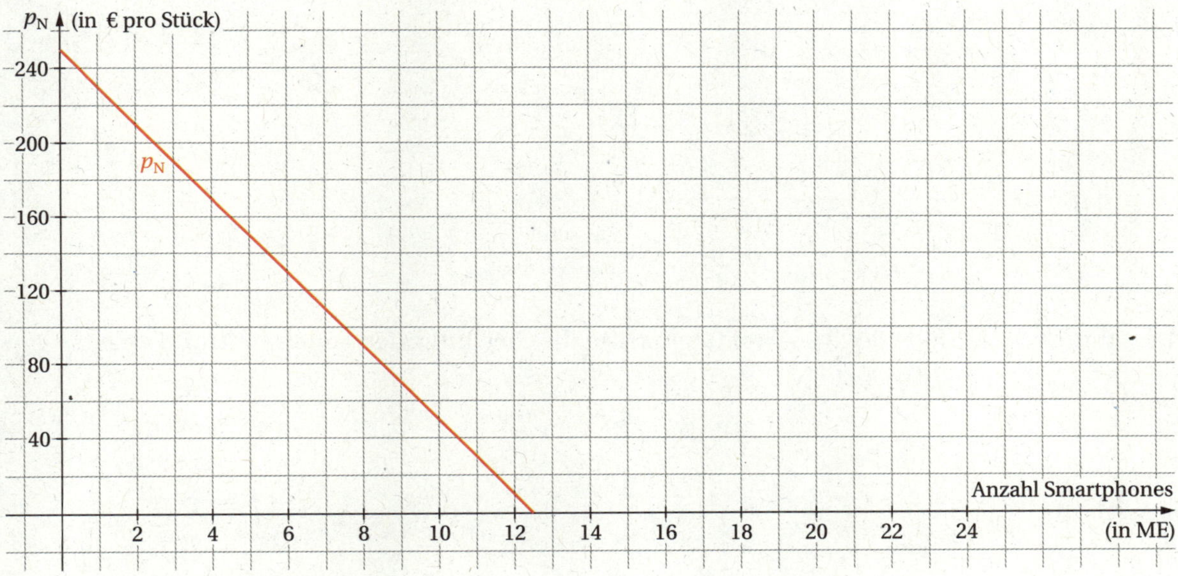

Bei der Umfrage wurde auch nach Konkurrenzprodukten gefragt. Die Tabelle enthält die Umfrageergebnisse zu dem Mindestangebotspreis für das Smartphone eines konkurrierenden Anbieters:

Menge in ME	2	4	3	2	1	10
Kumulierte Menge						
Mindestpreis in € pro Stück	110	130	145	155	160	210

Auftrag

Ermitteln Sie für *Cosia* den **Gleichgewichtspreis** und beurteilen Sie die Marktsituation, wenn die konkurrierenden Anbieter das Smartphone für den von *Cosia* ursprünglich geplanten Preis von 210,00 € pro Stück anbieten.

Für die Erledigung des Auftrags sind einige Teilaufgaben zu bearbeiten:

a) Geben Sie an, wie viele Nachfrager (in ME) es bei einem Preis von 210,00 € pro Stück gibt.

b) Geben Sie an, wie hoch der Smartphone-Preis pro Stück sein müsste, damit es 10 ME Nachfrager gibt.

c) Zeigen Sie, dass die Gleichung der Nachfragefunktion durch $p_N(x) = -10x + 250$ gegeben ist.

d) Bestimmen Sie mithilfe der **linearen Regression** die Gleichung der **Angebotsfunktion** p_A.

e) Zeichnen Sie den Graphen der Angebotsfunktion in das vorgegebene Koordinatensystem und berechnen Sie das **Marktgleichgewicht.**
Tipp: $p_A(x) = 5x + 100$

f) Berechnen Sie die Menge, die bei einem Preis von 210,00 € pro Smartphone angeboten wird. Beurteilen Sie für diesen Fall die Marktsituation. Verwenden Sie in dem Zusammenhang einen der beiden Begriffe **Angebotsüberschuss** oder **Nachfrageüberschuss**.

Schlussfolgerung

Der von Ihnen bestimmte Gleichgewichtspreis und Ihre Beurteilung zur Marktsituation für den Fall, dass alle Anbieter das Smartphone für den von *Cosia* ursprünglich geplanten Preis von 210,00 € pro Stück anbieten:

Anwendungsaufgaben

1. Die monatliche Nachfrage nach Traubensaft richtet sich nach der linearen Funktion p_N, deren Graph durch die Punkte $A(200\,|\,45)$ und $B(320\,|\,42)$ verläuft. Die lineare Funktion p_A, deren Graph durch die Punkte $P(100\,|\,10)$ und $Q(180\,|\,14)$ geht, gibt das kumulierte Angebot aller Safthändler an.

a) Bestimmen Sie die Funktionsgleichung der Nachfragefunktion.

b) Bestimmen Sie den ökonomischen Definitionsbereich der Nachfragefunktion p_N.

c) Beschreiben Sie, warum die Angebotsfunktion einen typischen Verlauf hat, d. h. dass der Graph der Angebotsfunktion **streng monoton steigend** ist.

d) Bestimmen Sie mithilfe des Taschenrechners die Gleichgewichtsmenge und den Gleichgewichtspreis.

2. Das Unternehmen *Rad2000* möchte ähnlich wie konkurrierende Unternehmen neuartige Fahrradtaschen mit einem besonderen Design anbieten. Geplant ist eine Tasche, die je nach Wetterlage die Farbe wechseln kann. Aufgrund der undurchsichtigen Marktverhältnisse können die Verantwortlichen von *Rad2000* die Angebotsfunktion p_A, die der angebotenen Menge den Preis in GE/ME zuordnet, nur schätzen. Sie beschreiben sie mithilfe der Gleichung $p_A(x) = 0{,}25x + 1$. Um Informationen über eine mögliche Nachfrage zu erhalten, hat das Unternehmen eine Marktuntersuchung durchgeführt: Die Nachfrage lässt sich durch eine lineare Funktion annähern; bei einem Preis von 4 GE/ME werden 45 ME nachgefragt, 10 ME mehr als bei einem Preis von 20 GE/ME.

a) Zeigen Sie, dass die Gleichung der Nachfragefunktion p_N, die der nachgefragten Menge den Preis zuordnet, durch $p_N(x) = -1{,}6x + 76$ gegeben ist.

b) Bestimmen Sie den **Höchstpreis** des Produkts.

c) Bestimmen Sie die Menge, ab der der Markt gesättigt ist (**Sättigungsmenge**).

Ihre Zusammenfassung

Begriffe

- Nachfragefunktion
- Angebotsfunktion
- Mindestangebotspreis

Ihre Zusammenfassung

- Höchstpreis

- Sättigungsmenge

- Marktgleichgewicht

- Gleichgewichtsmenge, Gleichgewichtspreis

- Angebotsüberschuss

- Nachfrageüberschuss

- Lineare Regression

2.2 Quadratische Funktionen

Lernsituation: Die Probleme eines Monopolisten

Handlungssituation 1: Maximaler Gewinn eines monopolistisch agierenden Gastronomiebetriebs

Der Gastronomiebetrieb *Drink and Eat* hat vor einem Jahr die Konzession erworben, über einen hiesigen Konzertveranstalter als einziger Anbieter Getränke auf Konzerten und Veranstaltungen zu verkaufen. Seine Marktmacht während einer Veranstaltung ist monopolähnlich. Bis heute hat *Drink and Eat* fünf Konzerte mit Getränken versorgt. Der Preis pro Liter Limonade wurde von Konzert zu Konzert variiert und hochgerechnet, um festzustellen, zu welchen Konditionen der Gewinn maximal wird. Die folgende Tabelle gibt Aufschluss, zu welchem Preis welche Menge verkauft und welcher Gewinn erzielt wurde:

Hochgerechneter Preis pro Liter in €/l	12	10	8	6	4
Nachgefragte Menge in l	3000	5000	7000	9000	11000
Gewinn in €	27000	41000	47000	45000	35000

Sie sind Mitarbeiter bzw. Mitarbeiterin von *Drink and Eat* und sollen im Auftrag der Geschäftsführerin Frau Amadi ermitteln, wie viel Limonade verkauft werden muss, um den höchsten Gewinn zu erzielen.

Auftrag

Bestimmen Sie mithilfe der **Scheitelpunktform** einer **quadratischen Funktion** die Literanzahl, die zum höchsten Gewinn führt, und berechnen Sie den höchsten Gewinn. Machen Sie der Geschäftsführerin von *Drink and Eat* einen Vorschlag, welchen Literpreis sie festsetzen sollte.

Für die Erledigung des Auftrags sind einige Teilaufgaben zu bearbeiten:

a) Beschreiben Sie mögliche Ursachen, warum in der beschriebenen Situation der Gewinn zunächst steigt, ab einer gewissen Menge aber wieder fällt.

b) Zeigen Sie durch **quadratische Regression**, dass die Gewinnfunktion G, die in Abhängigkeit von der Menge x den Gewinn abbildet, durch die **Polynomform** $G(x) = -0{,}001x^2 + 15x - 9000$ dargestellt werden kann.

c) Zeichnen Sie den Graphen von G in $[0; 15000]$ in das Koordinatensystem und beschreiben Sie jeweils die **Veränderungen** des Graphen von G gegenüber der Normalparabel mit $f(x) = x^2$ mithilfe des GTR.

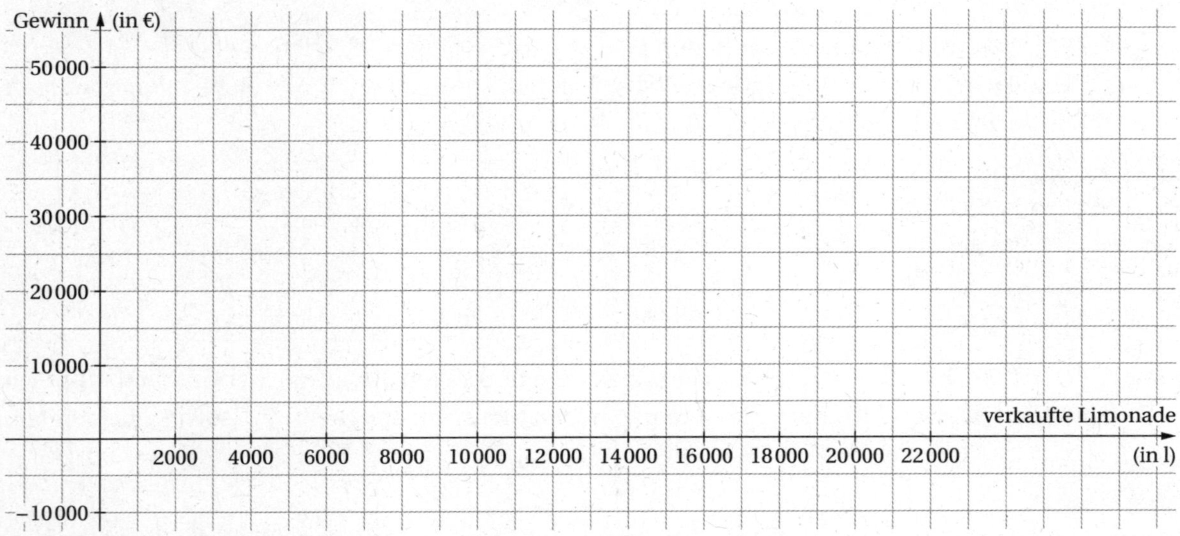

- Spiegelung an der x-Achse:

- Stauchung/Dehnung:

- Verschiebungen:

d) Bestimmen Sie die Scheitelpunktform der quadratischen Gewinnfunktion und interpretieren Sie die Koordinaten des Scheitelpunktes im Sachzusammenhang.

Schlussfolgerung

Ihr mathematisch begründeter Vorschlag, welche Menge Limonade in Liter der Gastronomiebetrieb *Drink and Eat* verkaufen sollte, sowie Ihre Angabe zum Preis und zum Gewinn, den das Unternehmen erzielen würde:

Anwendungsaufgaben

1. Die *Hügeltopf GmbH* ist ein erfolgreicher Hersteller von Kuchen und Backwaren. Mit dem neuen Keks *Rullekes* konnte sich das Unternehmen gegenüber der Konkurrenz durchsetzen und eine monopolistische Marktstellung einnehmen. Bisher handelte das Unternehmen nach dem Motto: *„Je mehr verkauft wird, desto größer der Gewinn"*. Um zu überprüfen, ob das Motto auch im Monopol zutreffend ist, möchte die Unternehmensleitung eine Analyse zur Erlös- und Gewinnsituation durchführen.
Der Erlös in Geldeinheiten (GE) in Abhängigkeit von der hergestellten Menge in Mengeneinheiten (ME) des Produkts *Rullekes* lässt sich durch die Funktion E mit der Gleichung $E(x) = -0{,}5x^2 + 15x$ beschreiben. Die Kosten verlaufen linear. Die Abbildung zeigt die beiden Funktionsgraphen.

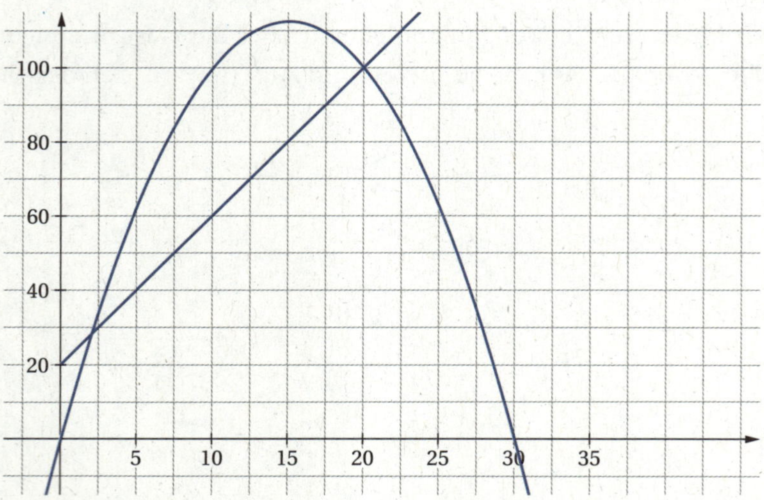

a) Beschriften Sie die Achsen und die jeweiligen Graphen mit E bzw. K.
b) Lesen Sie am Graphen ab, wie hoch die Kosten für 10 ME sind sowie $E(10)$. Bestimmen Sie die Fixkosten und lesen Sie bezüglich des Gewinnes $G(20)$ ab.

c) Bestimmen Sie die Scheitelpunktform der Erlösfunktion mithilfe des Taschenrechners und geben Sie die erlösmaximale Menge an.

Die Unternehmensleitung der *Hügeltopf GmbH* möchte nun Einzelheiten über die Gewinnsituation erfahren und zieht für eine Analyse sowohl die Gleichung der Gewinnfunktion als auch den zugehörigen Graphen zurate.

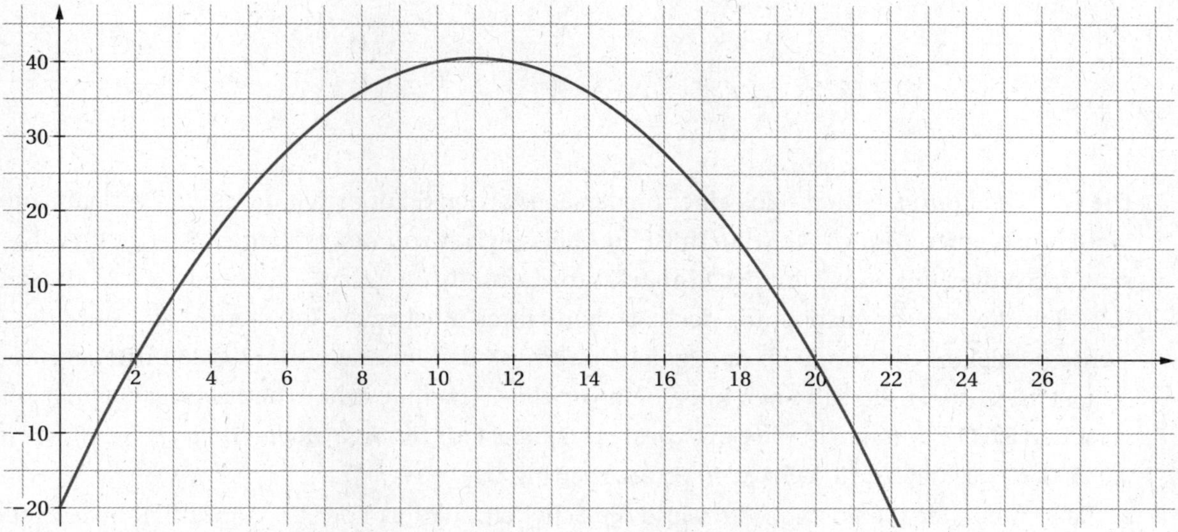

d) Beschriften Sie die Achsen und den Graphen in der Abbildung.

e) Zeigen Sie (mithilfe der Ergebnisse aus Teilaufgabe b), dass $G(x) = -0{,}5x^2 + 11x - 20$ ist.

f) Bestimmen Sie die Menge, bei der der Gewinn maximal ist. Geben Sie den zugehörigen Gewinn an.

g) Ermitteln Sie mithilfe des Erlös- und des Kostengraphen die gewinnmaximale Menge.
Tipp: Verschiebung des Graphen von K!

2. Die Gärtnerei *Blum & Wachs* aus einer niedersächsischen Stadt erzielt durch den Verkauf von Erlenbäumen einen (Brutto-)Gewinn in GE in Abhängigkeit von der verkauften Menge (in ME), der sich durch die Funktion G mit der **Linearfaktordarstellung** $G(x) = -1{,}2\,(x-1)\,(x-8)$ darstellen lässt. Für die Investitionsplanung des nächsten Jahres möchte die Inhaberin Frau Blum den gesamten erzielten Gewinn nach Abzug der Gewerbesteuer einsetzen. Der Gewerbesteuermessbetrag ist 3,5 %, der zusätzlich noch mit einem von der Gemeinde erhobenen Hebesatz von 383 % zu versehen ist. Gesamt macht die Gewerbesteuerzahllast für *Blum & Wachs*
$0{,}035 \cdot 3{,}83 = 0{,}13405 \mathrel{\hat{=}} 13{,}405\,\%$ vom Brutto-Gewinn aus.

a) Bestimmen Sie die Polynomform und die Scheitelpunktform der Gewinnfunktion vor Steuern und geben Sie die Menge an, die *Blum & Wachs* möglichst verkaufen sollte.

b) Berechnen Sie den Betrag, den *Blum & Wachs* höchstens für das nächste Jahr investieren kann.

c) Vergleichen Sie die gewinnmaximale Menge vor Steuern mit der gewinnmaximalen Menge nach Steuern.
Tipp: Scheitelpunktformen bestimmen!

d) Beschreiben Sie die Veränderung des Graphen der Gewinnfunktion vor Steuern, wenn die Fixkosten der Gärtnerei steigen.

Ihre Zusammenfassung

Begriffe

- Quadratische Funktion
- Scheitelpunktform und Veränderung des Graphen gegenüber der Normalparabel
- Polynomform
- Linearfaktordarstellung
- Quadratische Regression

Handlungssituation 2: Preisbildung im Monopol

Frau Amadi, die Geschäftsführerin des Gastronomiebetriebs *Drink and Eat*, macht sich Sorgen über die Verkaufsstrategie des Unternehmens. Die Marktmacht von *Drink and Eat* ist während einer Veranstaltung wie beschrieben monopolähnlich. Frau Amadi weiß, wenn sie die Getränke zu teuer anbietet, schränken viele Konzertbesucher ihren Konsum ein und kaufen weniger. Um die Situation besser einschätzen zu können, hat Frau Amadi Sie damit beauftragt, sie bei der Preiskalkulation zu unterstützen und Umfragen zum Konsum von Soda-Wasser durchzuführen. Der Graph der folgenden **Preis-Absatzfunktion** zeigt das Ergebnis Ihrer Umfragen.

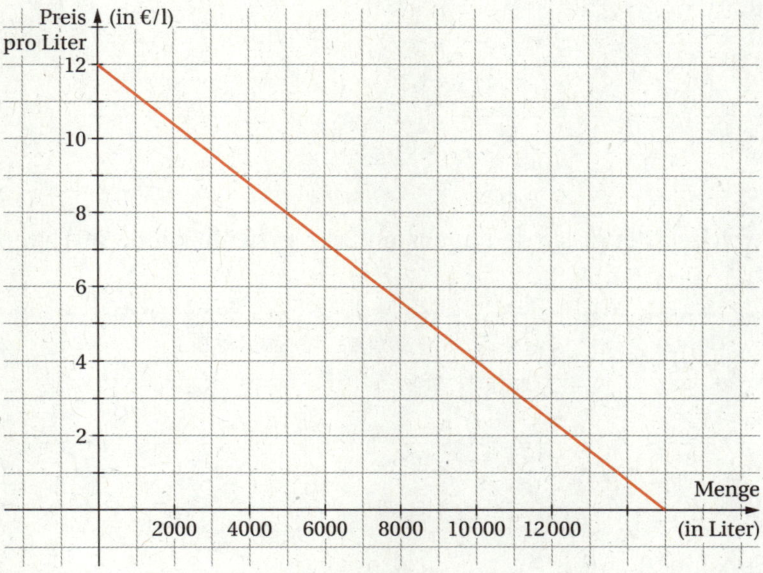

Bei der Kostensituation von *Drink and Eat* während eines Konzerts orientiert sich Frau Amadi an Erfahrungswerten der letzten Events. Fasst sie die Gebühren für die Verkaufsstände mit den Personalkosten zusammen, rechnet sie mit Fixkosten in Höhe von 10 000,00 €. Die variablen Kosten in Höhe von 3,00 € pro verkauftem Liter Soda-Wasser setzen sich aus den Kosten für das Getränk und die Flasche zusammen.

Auftrag

Machen Sie Frau Amadi einen begründeten Vorschlag, welche Menge Soda-Wasser in Liter sie mindestens verkaufen sollte, und geben Sie an, zu welchem Preis sie einen Liter Soda-Wasser verkaufen sollte. Zeigen Sie Frau Amadi auf, wie viel Gewinn sie höchstens erzielen kann.

Für die Erledigung des Auftrags sind einige Teilaufgaben zu bearbeiten:

a) Berechnen Sie, um wie viel Euro Frau Amadi den Literpreis für Soda-Wasser senken muss, damit sie 10 000 Liter mehr verkaufen kann.

b) Bestimmen Sie die Gleichung für die Preis-Absatzfunktion p.

Nun möchte Frau Amadi wissen, mit welcher Menge sie den höchsten Erlös erzielen kann. Als Hilfestellung dient die folgende Tabelle:

Menge in l	2 000	4 000	6 000	8 000	10 000	12 000	14 000
Preis in €/l							
Erlös in €							

c) Bestimmen Sie die Gleichung zur Erlösfunktion E.

d) Bestimmen Sie für die beschriebene Situation die Kostenfunktion K und die Gewinnfunktion G.

e) Zeichnen Sie den Graphen der Gewinnfunktion G in das Koordinatensystem in $[0;\ 12\,000]$. Nutzen Sie dazu die Wertetabelle unterhalb des Koordinatensystems.

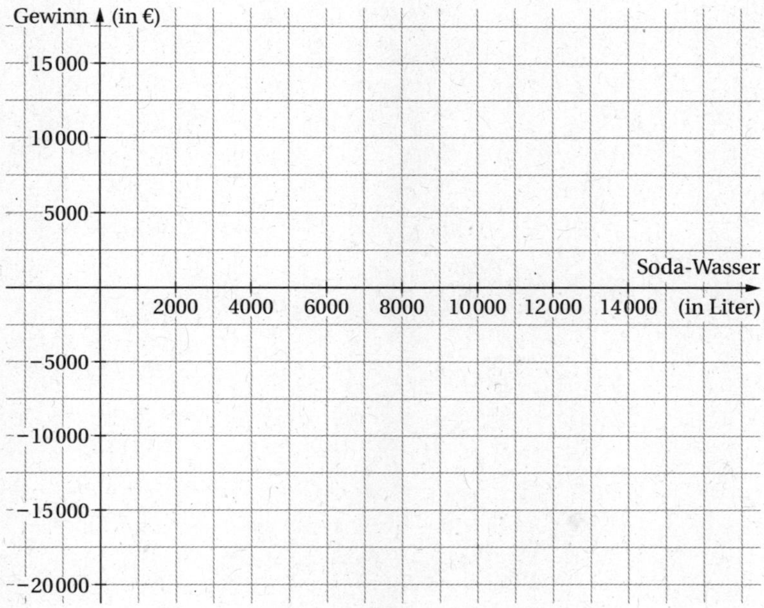

Wertetabelle:

Menge in l	2000	4000	6000	8000	10000	12000
Gewinn in €						

f) Berechnen Sie die Gewinnschwelle und die Gewinngrenze für das Soda-Wasser. Nutzen Sie für Teilrechnungen Ihren Taschenrechner.

g) Bestimmen Sie den **cournotschen Punkt** für das Soda-Wasser.

Schlussfolgerung

Ihre Vorschläge

- zur Mindestmenge, die verkauft werden sollte,
- zur Preisgestaltung sowie
- zum Gewinn, der höchstens realisierbar ist:

Anwendungsaufgaben

1. *NewTec* ist ein Unternehmen, das erfolgreich Produkte für die Unterhaltungsindustrie herstellt. Mit dem neuen Produkt *YUPPY* konnte sich *NewTec* aufgrund des futuristischen Designs und einer neuartigen Technologie auf dem Markt durchsetzen und eine monopolistische Marktstellung einnehmen. Für eine Analyse benötigt die Unternehmensleitung nun unterschiedliche Daten: Die Gleichung der Erlösfunktion, die den Erlös (in GE) in Abhängigkeit von der Menge (in ME) abbildet, ist durch E mit $E(x) = -0{,}6x^2 + 18x$ gegeben. Die Fixkosten für die Herstellung von *YUPPY* betragen 6 GE, die variablen Stückkosten sind mit 13,8 GE pro ME zu beziffern.

a) Bestimmen Sie für das Produkt *YUPPY* die Kostenfunktion K und bestimmen Sie $K(3)$.

b) Bestimmen Sie die Preis-Absatzfunktion p und geben Sie den Höchstpreis an.

c) Bestimmen Sie den ökonomischen Definitionsbereich für die Preis-Absatzfunktion.

d) Berechnen Sie für das Produkt *YUPPY* den Preis in GE/ME, den das Unternehmen auf dem Markt verlangen sollte. Begründen Sie, warum kein anderer Preis angesetzt werden sollte.

2. *BüroTec* ist ein erfolgreicher Hersteller von Büroartikeln. Die Tacker werden unternehmensintern als Cashcow[1] von *BüroTec* bezeichnet. Die Analyse eines Marktforschungsinstituts zum Produkt *Tacker* ist der Abbildung zu entnehmen. Diese zeigt die Graphen der gesamtwirtschaftlichen Angebots- und Nachfragefunktion, die jeweils die angebotene bzw. die nachgefragte Menge in ME auf den Preis in GE/ME des Produkts *Tacker* abbildet. Für die jeweiligen Funktionsgleichungen gilt: $p_A(x) = 2 + 0{,}25x^2$ und $p_N(x) = 12 - 0{,}75x$.

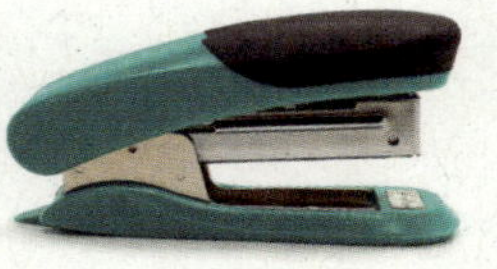

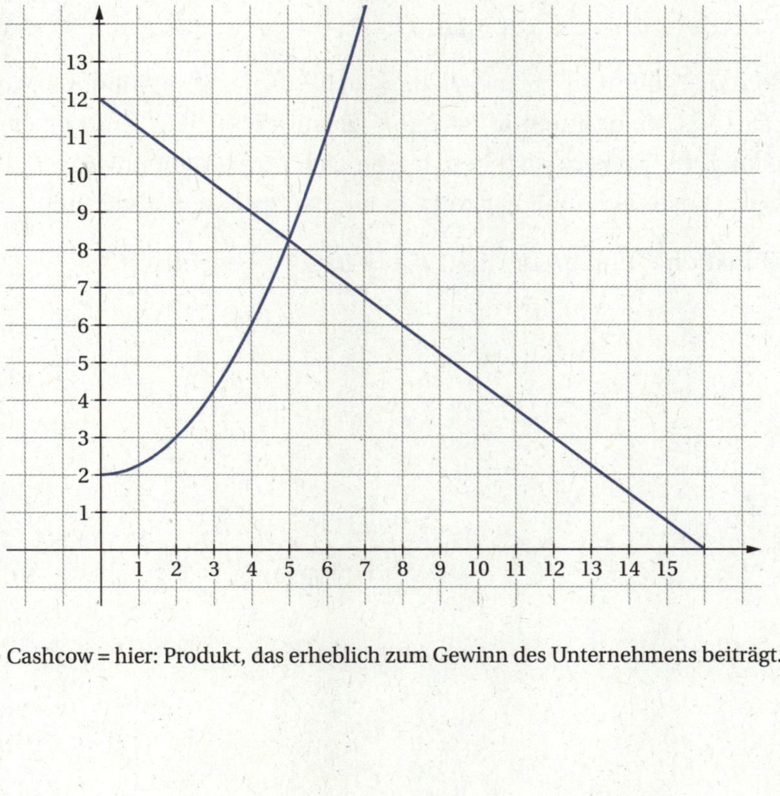

[1] Cashcow = hier: Produkt, das erheblich zum Gewinn des Unternehmens beiträgt.

a) Beschriften Sie die Achsen und die Graphen geeignet.

b) Begründen Sie, welche Marktform bei dem Produkt vorliegt.

c) Berechnen Sie den Punkt A und interpretieren Sie ihn im Sachzusammenhang.

d) Bestimmen Sie für *BüroTec* die Erlösfunktion E und geben Sie $E(2)$ an.

Nach einiger Zeit hat sich die Marktsituation so verändert, dass sich *BüroTec* gegenüber der Konkurrenz durchsetzen konnte. Die Nachfragesituation ist dabei gleich geblieben. Die Kosten in GE, die *BüroTec* für die Herstellung der Tacker entstehen, lassen sich durch die Funktion K mit $K(x) = 4x + 13$ darstellen. K gibt die Kosten in Abhängigkeit von der hergestellten Menge an.

e) Zeigen Sie, dass die Gewinnfunktion G durch $G(x) = -0{,}75x^2 + 8x - 13$ gegeben ist.

f) Berechnen Sie die Gewinnschwelle und die Gewinngrenze.

g) Berechnen Sie die gewinnmaximale Ausbringungsmenge sowie den zugehörigen Gewinn des Produkts.

h) Bestimmen Sie den Preis, zu dem *BüroTec* die Tacker auf dem Markt anbieten sollte.

Ihre Zusammenfassung

Begriffe

- Preis-Absatzfunktion im Monopol

- Cournotscher Punkt

2.3 Potenzfunktionen

Lernsituation: Die Kostensituation einer großen Kugel namens Sitting-Ball

Handlungssituation: Preiskalkulation einer besonderen Kugel

Das Produkt *Sitting-Ball* des Unternehmens *Event-Factory* ist seit drei Jahren auf dem Markt und bei den Kunden sehr beliebt. Der *Sitting-Ball* ist eine große, durchsichtige Kugel mit einem Sitz im Inneren. So können Menschen sitzend beispielsweise einen Hügel oder Deich herunterrollen.

Der Geschäftsführer von *Event-Factory*, Herr Pielage, sieht sich seit einem Jahr einer stärkeren Konkurrenz ausgesetzt: Damals brachte ein Mitanbieter eine gleichartige Kugel auf den Markt, die bei gleichem Marktpreis zusätzliche Sicherheitsfeatures bietet.

Die Planungen von *Event-Factory* für eine neu entwickelte Kugel sind zwar schon weit vorangeschritten, die Markteinführung wird aber noch mindestens ein Jahr auf sich warten lassen. Aus diesem Grund fordert Herr Pielage Sie als Mitarbeiter bzw. Mitarbeiterin von *Event-Factory* auf, sich Gedanken über eine Veränderung des ursprünglichen Marktpreises von *Sitting-Ball* in Höhe von 3 625,00 € pro Kugel zu machen.

Eine von Herrn Pielage in Auftrag gegebene Kostenanalyse lässt den Schluss zu, dass sich die variablen Herstellkosten nicht linear zur hergestellten Menge verhalten. Dies liegt unter anderem daran, dass mit steigender Produktionsmenge mehr Überstunden anfallen, die übertariflich bezahlt werden müssen. Die monatlichen Fixkosten für die Herstellung von maximal 400 Kugeln beziffert das Unternehmen mit insgesamt 312 500,00 €.

Die unterschiedlichen Kapazitätsauslastungen der letzten fünf Monate ergaben für die variablen Gesamtkosten folgendes Bild:

	Monat 1	Monat 2	Monat 3	Monat 4	Monat 5
Hergestellte Menge in Stück	70	120	100	80	150
Variable Kosten in €	24 500	72 000	50 000	32 000	112 500

Auftrag

Berechnen Sie für *Event-Factory* die Mindest- und die Höchstmenge der Sitting-Ball-Kugeln, die das Unternehmen unter dem gegebenen Marktpreis herstellen und verkaufen sollte. Bestimmen Sie zudem den niedrigsten Preis, den das Unternehmen ansetzen könnte.

Für die Erledigung des Auftrags sind einige Teilaufgaben zu bearbeiten:

a) Ermitteln Sie die Gleichung der Funktion K_v, die die variablen Kosten in Abhängigkeit von der hergestellten Menge x angibt. Benennen Sie die **Potenzfunktion**, aus der die Funktion K_v hervorgegangen ist. Zeichnen Sie den Graphen von K_v in das linke Koordinatensystem und beschreiben Sie die Veränderung des Graphen von K_v gegenüber dem Graphen der Potenzfunktion $f(x) = x^2$.

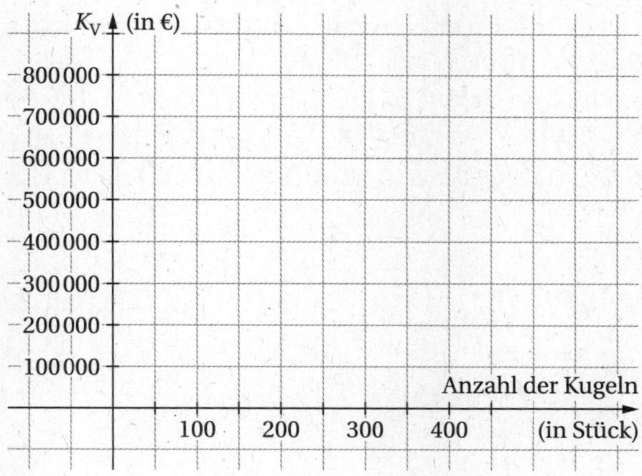

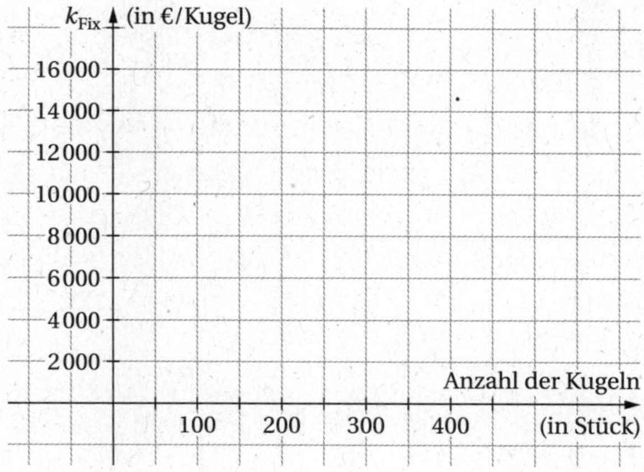

b) Bestimmen Sie die Gleichung der Funktion k_{Fix}, die die anteiligen Fixkosten pro Kugel in Abhängigkeit von der Menge angibt. Benennen Sie auch hier die Potenzfunktion, aus der die Funktion k_{Fix} hervorgegangen ist. Zeichnen Sie den Graphen von k_{Fix} in das rechte Koordinatensystem und beschreiben Sie die Veränderung des Graphen von k_{Fix} gegenüber dem Graphen der zugehörigen Potenzfunktion.

c) Bestimmen Sie die **Grenzwerte** $\lim\limits_{x \to 0^+} k_{Fix}$ sowie $\lim\limits_{x \to \infty} k_{Fix}$. Nutzen Sie dafür die beiden Tabellen auf der Folgeseite. Interpretieren Sie anschließend die Ergebnisse jeweils im Sachzusammenhang und verwenden Sie dabei den Begriff Fixkostendegression.

x	k_{Fix}
1	
0,7	
0,25	
$x \to 0^+$	

x	k_{Fix}
80	
2345	
239293	
$x \to \infty$	

d) Bestimmen Sie die Funktion k_V, die in Abhängigkeit von der Menge x die variablen Stückkosten für das Produkt *Sitting-Ball* in Euro pro Stück angibt.

e) Begründen Sie, warum die Stückkostenfunktion k, deren Gleichung durch $k(x) = k_V(x) + k_{Fix}$ gegeben ist, keine Potenzfunktion ist.

f) Bestimmen Sie die Lösung der Gleichung $k(x) = 3\,625$.

g) Bestimmen Sie mithilfe des Taschenrechners den **lokalen Tiefpunkt** des Graphen von k in seinem ökonomischen Definitionsbereich.

Schlussfolgerung

Ihr Vorschlag für die Mindest- und die Höchstmenge der Kugeln, die hergestellt und verkauft werden sollten, und Ihre Angabe zum niedrigsten Preis, den *Event-Factory* ansetzen könnte:

Anwendungsaufgaben

1. Das Maschinenbauunternehmen *BauTec* stellt für die Baubranche unterschiedliche Aggregate her, die insbesondere auf Großbaustellen eingesetzt werden. Das Notstromaggregat *Energy2000* wird dabei am meisten nachgefragt.
Der Inhaber von *BauTec*, Herr Großkunz, möchte neue würfelförmige Behälter mit einem Rauminhalt von jeweils $343\,000\,\text{cm}^3$ für den Transport der Notstromaggregate ordern. Die bisherigen Verpackungen konnten den hohen Ansprüchen des Transports von *Energy2000* (B × H × T: 60 cm × 62 cm × 58 cm) nicht standhalten. Da der Stauraum auf einer Großbaustelle eng bemessen ist, fragen die Kunden häufig, welche Maße für das Verstauen der Transportbehälter zu beachten sind. Daher macht *BauTec* zur Information für seine Kunden einen Aushang:

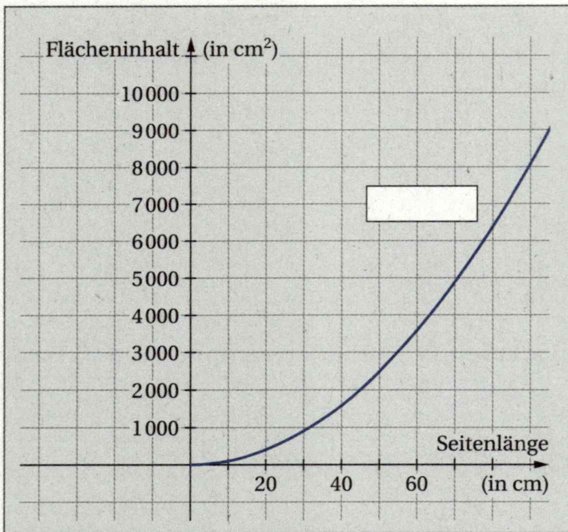

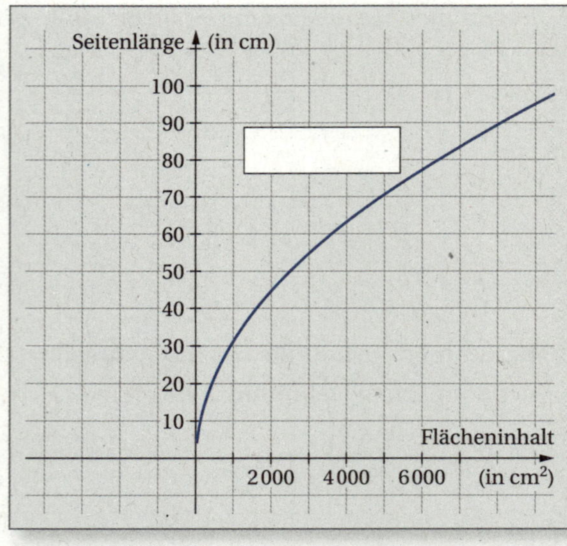

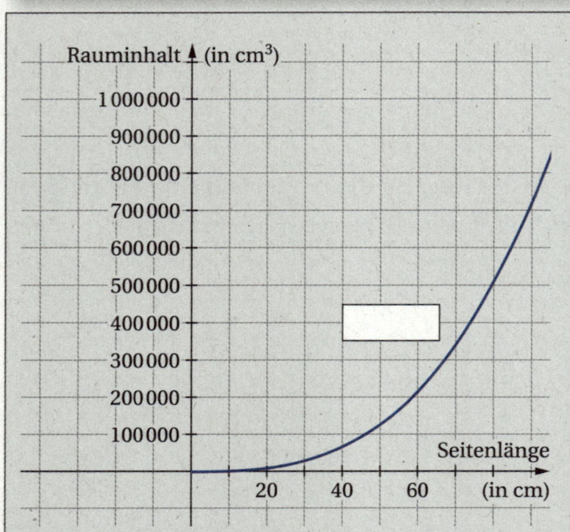

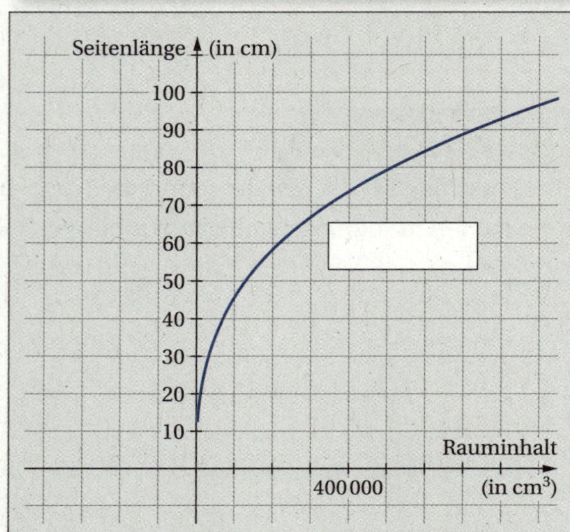

Für einen Auftrag sollen 27 Notstromaggregate *Energy2000* zu einer 200 km weit entfernten Großbaustelle transportiert werden. Die Kosten für den Transport mit dem Lkw werden üblicherweise pro Lademeter abgerechnet. Ein Lademeter wird berechnet durch:

$$\text{Lademeter} = \frac{\text{Länge des Gutes in m} \cdot \text{Breite des Gutes in m}}{2{,}40\,\text{m}}.$$

Die würfelförmigen Transportbehälter mit den enthaltenen Notstromaggregaten werden für den Transport übereinandergestapelt. Abgerechnet wird jeweils nach der beanspruchten Grundfläche auf der Ladefläche des Lkw. Zulässig ist eine Stapelhöhe bis 2,40 m. Der Transport der Notstromaggregate kostet pro Lademeter 60 GE.

a) Geben Sie im Rahmen des Kundenservices von *BauTec* jeweils eine Funktionsgleichung für die abgebildeten Graphen an. Schreiben Sie die Gleichungen in das jeweilige Koordinatensystem.

b) Begründen Sie, warum die Funktionen der abgebildeten Graphen zu den Potenzfunktionen gehören. Verwenden Sie in dem Zusammenhang auch den Begriff **Wurzelfunktionen**.

c) Bestimmen Sie für einen Kunden mit einer geeigneten Potenzfunktion die Seitenlänge eines Transportbehälters für *Energy2000* in Zentimeter. Rechnen Sie auch auf Meter um.

d) Berechnen Sie die Kosten für den Lkw-Transport der 27 Notstromaggregate zur 200 km weit entfernten Großbaustelle. Machen Sie einen Vorschlag, wie die Transportbehälter am geeignetsten auf der Ladefläche des Lkw verteilt werden sollten. Nutzen Sie dazu die folgende Abbildung unter Berücksichtigung der angegebenen Innenmaße.

Die Transportbehälter sollten wie folgt auf der Ladefläche des Lkw verteilt werden:

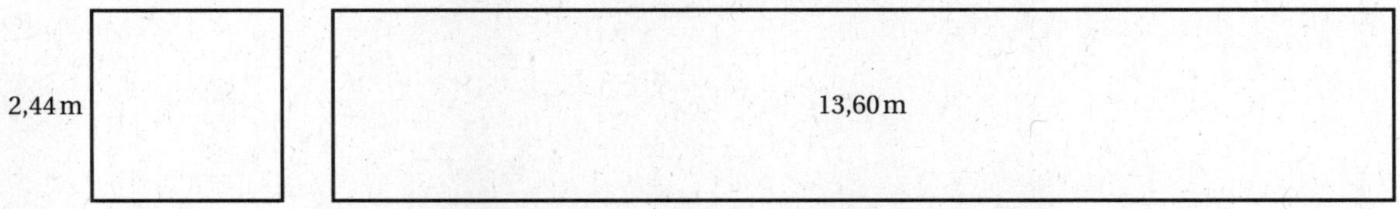

2. Der Käse von Emma Pikantje gehört zu den besten in ganz Ostfriesland. Für die Herstellung nutzt Frau Pikantje nur hochwertige Zutaten: Für ein Kilogramm Käse verwendet sie drei Liter Qualitätsmilch (0,50 €/l) und besondere Kräuter aus der heimischen Küche (0,25 €/kg Käse).

Der Käse reift bis zum Verkauf in einem speziellen Lager. Die monatliche Kaltmiete des Lagers beträgt 1 200,00 €. Hinzu kommen noch die Energiekosten in Höhe von 300,00 €.

a) Bestimmen Sie die Gleichung der Kostenfunktion K, die in Abhängigkeit von der hergestellten Käsemenge in kg die monatlichen Kosten in Euro abbildet. Benennen Sie die Potenzfunktion, die in K enthalten ist.

b) Erklären Sie den Begriff Fixkostendegression und bestimmen Sie dazu das **Globalverhalten** von k.

Ihre Zusammenfassung

Begriffe

- Potenzfunktion
- Wurzelfunktion
- Bedeutung von $x \to 0^+$, $x \to 0^-$, $x \to -\infty$ und $x \to +\infty$
- Bedeutung der Grenzwerte $\lim\limits_{x \to 0^+} f(x)$, $\lim\limits_{x \to +\infty} f(x)$ für eine Funktion f
- Globalverhalten
- Lokaler Tiefpunkt
- Lokaler Hochpunkt
- Fixkostendegression

2.4 Exponentialfunktionen

Lernsituation: Vom exponentiellen Wachstum bei einer Fremdfinanzierung und vom exponentiellen Zerfall beim Bierschaum

Handlungssituation: Alkoholfreies Bier

Der Getränkehersteller *Quellfrisch* stellt mithilfe eines bestimmten Brauverfahrens das alkoholfreie Bier *Quellfrisch FREE* her. Da das Unternehmen ständig die neusten Markttrends aufgreift, ist *Quellfrisch FREE* bei den Käufern sehr beliebt.

Der neuste Trend stellt das Unternehmen jedoch vor besonders große Herausforderungen: Der Bierschaum sollte unter gleichen Bedingungen länger als beim jetzigen Produkt Bestand haben. Bisher baut sich der Bierschaum in einem feuchten Standardglas unter optimalen Bedingungen pro Minute um 32 % ab. Das Unternehmen *Quellfrisch* möchte nun – dem neusten Trend „Bierschaumbeständigkeit" folgend – eine neue Sorte des alkoholfreien Bieres auf den Markt bringen, bei dem pro Minute circa 24 % Bierschaum abgebaut werden. Für dieses neue Produkt sind jedoch Neuinvestitionen notwendig, die eine einmalige Kreditaufnahme in Höhe von 390 625,00 € nach sich ziehen würden. Tilgungen wären für die nächsten fünf Jahre vertraglich nicht vorgesehen.

Die Unternehmensleitung genehmigt derartige Vorhaben, wenn die Investitionen zuzüglich Zinsen und Zinseszinsen im Zeitraum des Trends mindestens durch die kumulierten[1] jährlichen Überschüsse (ohne Zinsen) gedeckt werden. Zudem möchte man sichergehen, dass die Kunden den Trend auch wirklich wünschen. Sie sind Mitarbeiter bzw. Mitarbeiterin von *Quellfrisch* und werden von der Unternehmensleitung beauftragt, die beiden genannten Bedingungen zu prüfen und das Ergebnis zu präsentieren.

Auftrag

Prüfen Sie unter den genannten Bedingungen, ob das Unternehmen *Quellfrisch* die neue alkoholfreie Biersorte auf den Markt bringen sollte.

[1] kumulieren = anhäufen, ansammeln

Für die Erledigung des Auftrags sind einige Teilaufgaben zu bearbeiten:

a) Der Getränkehersteller *Quellfrisch* rechnet damit, durchschnittlich Überschüsse in Höhe von 114 244,00 € pro Jahr zu erzielen. Der für die Investition relevante Marktzins beträgt 4 % p. a.[1)]. Bestimmen Sie, wie lange der Trend „Bierschaumbeständigkeit" mindestens anhalten müsste, damit die Fremdfinanzierung der Investition von der Unternehmensleitung genehmigt wird.

b) Begründen Sie, warum die Fremdfinanzierung eine **exponentielle Zunahme** (für das Kreditinstitut) ist.

c) Begründen Sie, warum der Bierschaumabbau eine **exponentielle Abnahme** beschreibt.

1) per annum (lat.): jährlich, für das Jahr

d) Bestimmen Sie die Schaumhöhe des alkoholfreien Bieres, das zurzeit hergestellt wird, nach 2 Minuten und 30 Sekunden, wenn der Schaum zu Beginn 10 cm hoch war. Zur Veranschaulichung dient die folgende Abbildung einer **exponentiellen Funktion**.

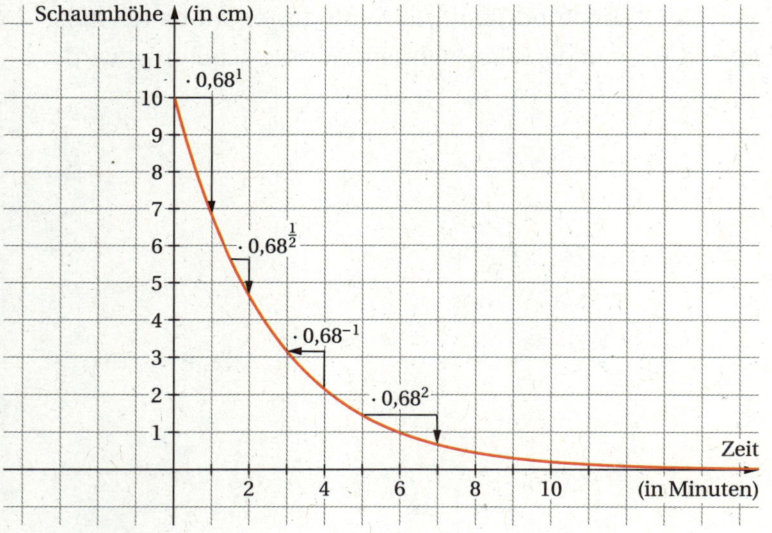

e) Bestimmen Sie die Schaumhöhe in Zentimetern, die sich langfristig ergibt. Verwenden Sie dazu die Schreibweise zum Globalverhalten.

f) Nach erfolgten Marktforschungen zum Merkmal „Gewünschte Bierschaumhöhe" gibt die Unternehmensleitung intern eine Tabelle aus, die die von den Kunden gewünschte Mindesthöhe des Bierschaums in Abhängigkeit von der Zeit beschreibt:

Zeit in min	$t = 0$	$t = 1$	$t = 2$	$t = 3$	$t = 3{,}5$	$t = 4$
Bierschaumhöhe in cm	10		5,6			3,2

Ermitteln Sie mittels **exponentieller Regression** eine für die gegebenen Daten geeignete Funktion. Füllen Sie dann die leeren Felder der Tabelle aus (auf zwei Nachkommastellen runden).

Schlussfolgerung

Ihre Beurteilung zur Frage, ob das Unternehmen *Quellfrisch* die neue alkoholfreie Biersorte auf den Markt bringen sollte:

Anwendungsaufgaben

1. Frau Huhn hat sich bei dem privaten Kreditgeber *SHARK* Geld geliehen. Sie hat mit *SHARK* vereinbart, jeweils nach einem Jahr die Hälfte ihrer Restschuld zu begleichen. Die Zinsen in Höhe von 10 % auf die jeweilige Restschuld werden zur vereinfachten Abrechnung auf ein gesondertes Konto gezahlt. Nach acht Jahren erhält Frau Huhn nun eine Abrechnung ihrer Restschuld.

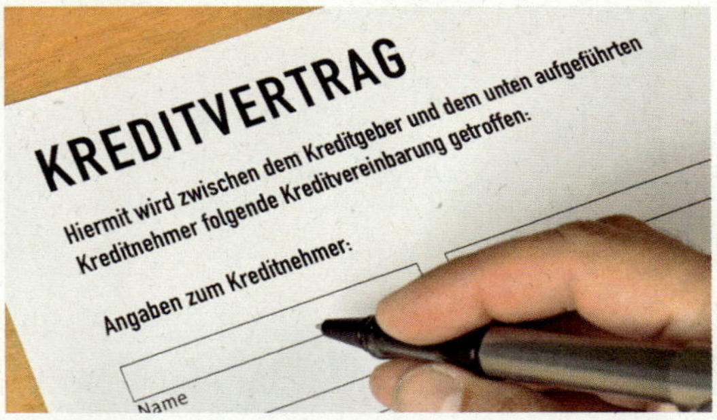

Ende des Jahres t	Restschuld in €	Zinsen in €
$t=1$	8 000,00	800,00
$t=2$	4 000,00	400,00
$t=5$		
$t=6$		
$t=7$		12,50

a) Begründen Sie, warum der zeitliche Verlauf der Restschuld durch eine exponentielle Funktion beschrieben werden kann.

b) Füllen Sie die Lücken in der Tabelle aus und bestimmen Sie die Höhe des Kapitals, das sich Frau Huhn geliehen hat.

c) Bestimmen Sie die langfristige Entwicklung der Restschuld in Euro.

Nachdem der Kreditgeber *SHARK* das Geld an Frau Huhn ausgezahlt hatte, konnte die Schuldnerin nach kurzer Zeit bereits 500,00 € tilgen. Die Vereinbarung, den Schuldbetrag jedes Jahr zu halbieren, musste Frau Huhn aber laut Vertrag auf das ursprünglich aufgenommene Kapital anwenden. Beispielwerte für ihre Restschuld sind der Tabelle zu entnehmen.

Ende des Jahres t	**Restschuld in € ohne Sondertilgung (siehe oben)**	**Restschuld in € unter Berücksichtigung der einmaligen Tilgung**
$t=1$	8 000,00	8 000,00 – 500,00 = 7 500,00
$t=2$	4 000,00	3 500,00
$t=3$	2 000,00	1 500,00
$t=4$	1 000,00	500,00

d) Geben Sie für den geschilderten Fall eine Exponentialfunktion in Abhängigkeit von der Zeit an und vergleichen Sie Ihr Ergebnis mit der Funktionsgleichung, die Sie mithilfe der exponentiellen Regression ermitteln. Nutzen Sie für die Regression die Tabellenwerte.

2. Eine Bank bietet für Neukunden zwei mögliche Anlageformen an, die durch die beiden Tabellen beispielhaft dargestellt werden:

Angebot 1:

Zeit *t* in Jahren	1	2	3	8
Vermögen in €	1 020,00	1 040,40	1 061,21	1 171,66

Angebot 2:

Zeit *t* in Jahren	1	2	3	7
Vermögen in €	1 022,00	1 044,00	1 066,00	1 154,00

a) Bestimmen Sie das Anfangskapital, das die Bank unterstellt.

b) Empfehlen Sie eine Anlage unter der Prämisse, dass ein Betrag für zwölf Jahre angelegt werden soll.

c) Bestimmen Sie das Zeitintervall, in dem sich Angebot 1 mehr lohnt als Angebot 2.

Ihre Zusammenfassung

Begriffe

- Exponentielle Zunahme
- Exponentielle Abnahme
- Exponentialfunktion
- Exponentielle Regression

2.5 Sinusfunktionen

Lernsituation: Die zurückgelegte Strecke eines Autoreifens

Handlungssituation: Die Radkralle

Herr Schwarz hat in den letzten Monaten einige Bußgeldbescheide wegen zu schnellen Fahrens erhalten – und diese alle nicht gezahlt. Daher findet er eines Morgens eine Wegfahrsperre in Form einer Radkralle an seinem Fahrzeug: Mitarbeiter des Ordnungsamtes haben seinen Pkw mit der Radkralle stillgelegt, bis Herr Schwarz die Bußgelder gezahlt hat. Für Herrn Schwarz in doppelter Hinsicht ärgerlich, da er am Tag zuvor für eine Internet-Challenge einen 500-Euro-Schein unter seinem Autoreifen (siehe Abbildung auf Folgeseite) deponiert hat: Er wollte die Reaktionen der vorbeikommenden Leute filmen, die versuchen, an den Schein zu gelangen. Nun überlegt Herr Schwarz, ob er seinen Wagen vorrollen kann, um seine Banknote wiederzubekommen – und damit die ausstehenden Bußgelder zu bezahlen. Allerdings lässt die Radkralle nicht viel Weglänge zu, da sie ab einer gewissen Stelle den Fahrzeugunterboden berührt.

Sie sind ein guter Bekannter von Herrn Schwarz und wollen ihm bei der Lösung seines Problems helfen. Als Hilfestellung fertigen Sie eine Skizze an, die seine Problematik verdeutlicht:

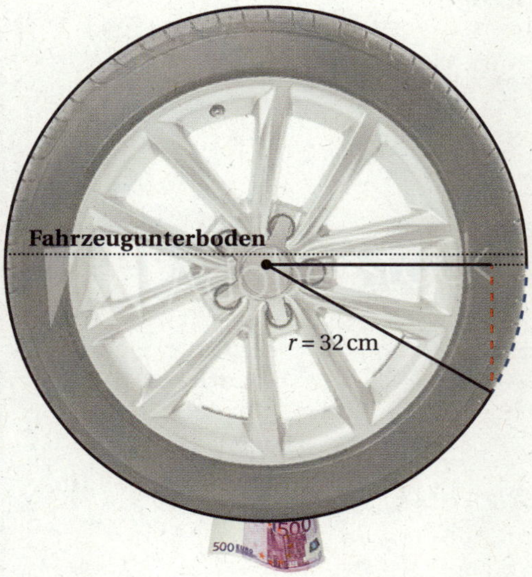

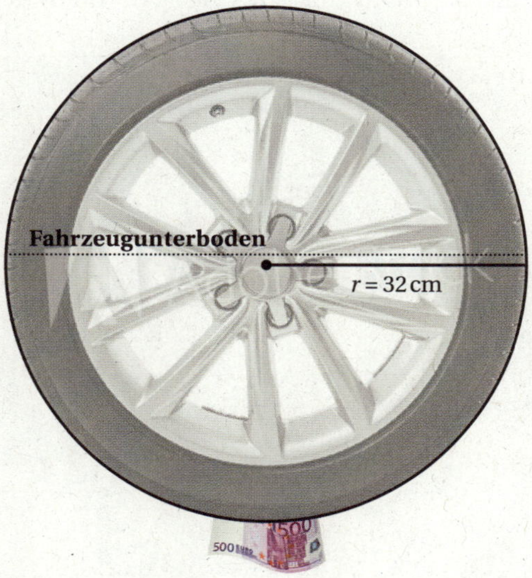

Sie wissen von Herrn Schwarz, dass der Radius des Autoreifens $r = 32\,\text{cm}$ ist. Damit der 500-Euro-Schein freigelegt wird, muss der Reifen 16 cm nach vorne rollen. Sie haben dies in der Skizze durch den blauen gestrichelten Kreisbogen dargestellt. Die Frage ist nun, ob das mit der angelegten Radkralle möglich ist. Die Radkralle lässt bei dem Fahrzeug von Herrn Schwarz einen sogenannten Hub – das ist die rot-gestrichelte Linie in der Skizze – von maximal 14 cm zu. Würde dieser ausgenutzt, befände sich die Radkralle parallel zur Straße (siehe Skizze rechts) und damit direkt unter dem Fahrzeugunterboden.
Sie möchten zusammen mit Herrn Schwarz feststellen, ob das Vorrollen des Fahrzeugs ausreicht, um die Banknote freizulegen.

Auftrag

Überprüfen Sie, ob Herr Schwarz seinen 500-Euro-Schein durch einfaches Wegrollen des Fahrzeugs wiederbekommen kann.

Für die Erledigung des Auftrags sind einige Teilaufgaben zu bearbeiten:

a) Geben Sie an, wie lang der blau eingezeichnete Kreisbogen (linke Skizze) mindestens sein muss.

b) Bestimmen Sie den Umfang des Autoreifens.

c) Füllen Sie die Tabelle aus.
Achtung: Da die Radkralle vom Fahrzeugunterboden aus gemessen nach unten führt, ist der Hub (rot) und damit auch der Kreisbogen (blau) negativ orientiert.

	Kreisbogen x in LE	**Hubhöhe in LE**
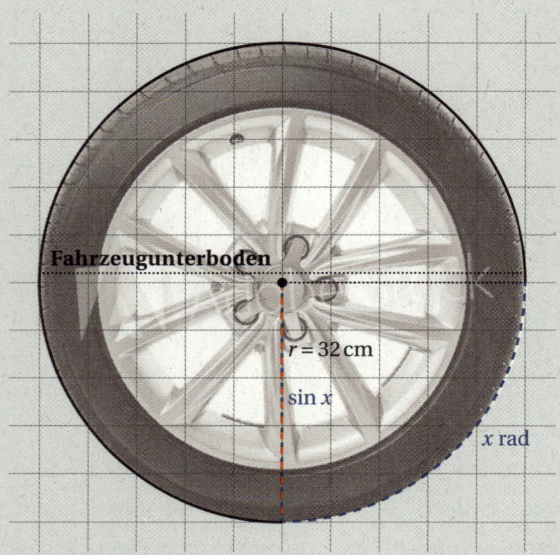	**Achtung: negativ orientierte Länge!** $-\frac{90°}{360°}\cdot 2\pi\cdot 32=-16\pi$	**Achtung: negativ orientierte Länge!** -32
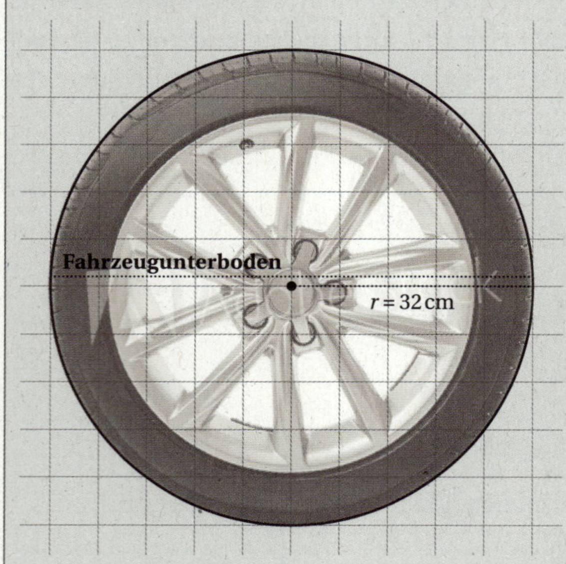		

<table>
<tr><td>Nur theoretisch:
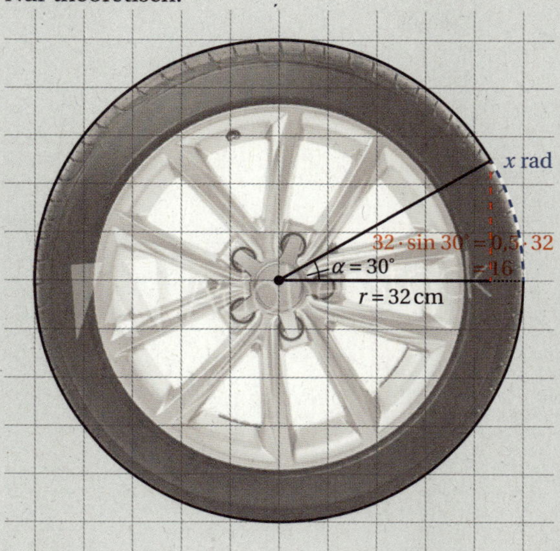
</td><td></td><td></td></tr>
<tr><td>Nur theoretisch:
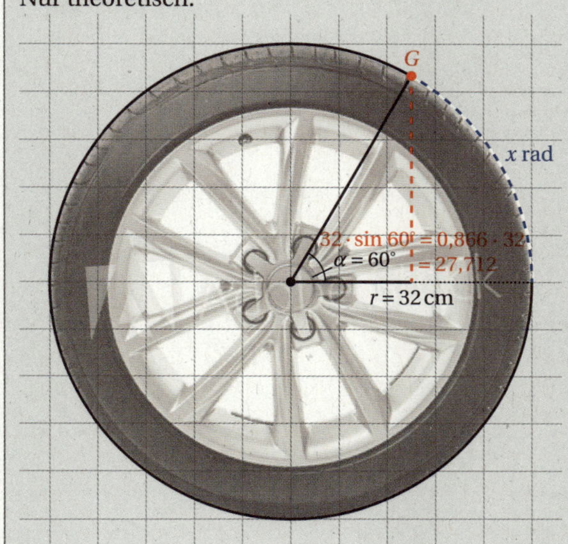
</td><td></td><td></td></tr>
<tr><td>Nur theoretisch:
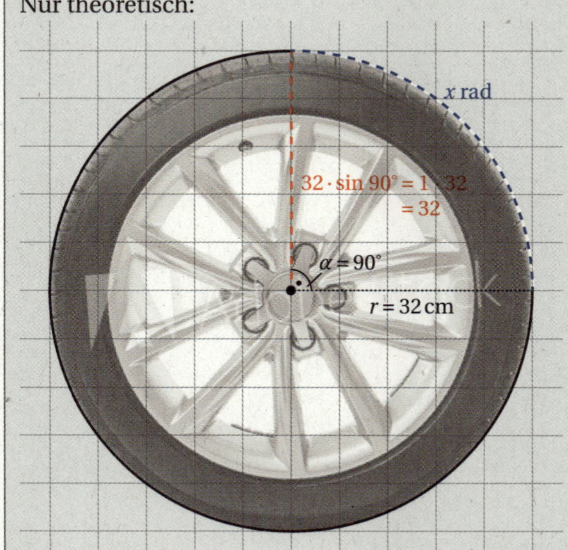
</td><td></td><td></td></tr>
</table>

d) In der Abbildung sehen Sie durch blaue Dreiecke markierte Stellen. Bestimmen Sie zu diesen Stellen jeweils die Hubhöhe und tragen Sie Ihre Ergebnisse geeignet in das Koordinatensystem ein. Skizzieren Sie einen Graphen, der durch die von Ihnen eingezeichneten Punkte verläuft.

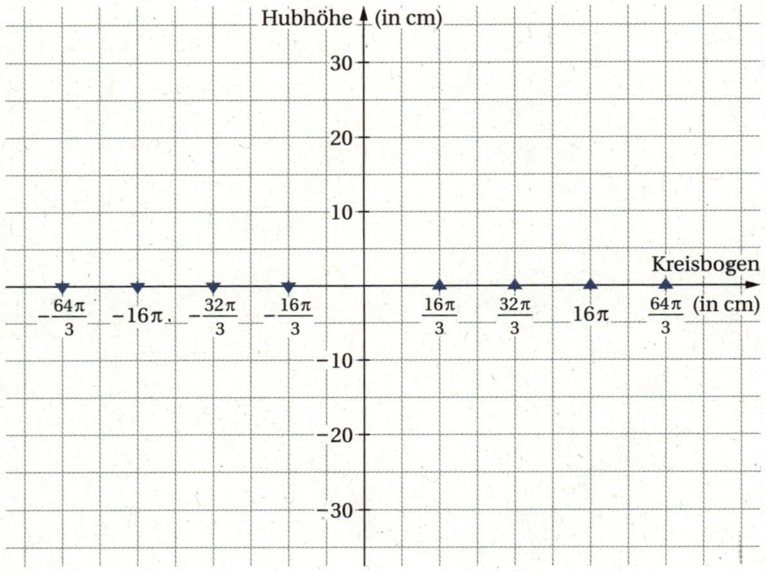

e) Bestimmen Sie eine Funktionsgleichung, die das Problem beschreibt, und führen Sie notwendige Berechnungen zur Lösung durch. Verwenden Sie in dem Zusammenhang die **Sinusfunktion**.

Schlussfolgerung

Beurteilen Sie, ob Ihr Bekannter Herr Schwarz mit der oben beschriebenen Methode den 500-Euro-Schein freilegen kann. Begründen Sie mathematisch.

Anwendungsaufgaben

1 Der Radiosender *Ü-I* ist bei vielen Jugendlichen sehr beliebt. Der Sender bezieht seine Zuhörer über Social Media stark mit ein und sichert sich seine Fangemeinde unter anderem durch diverse Gewinnspiele. Beim aktuellen Gewinnspiel, bei dem man eine 3-Tages-Reise nach München gewinnen kann, sollen die Zuhörer die elektromagnetischen Wellen, die der Sender ausstrahlt, identifizieren. Die Informationen zu dem Gewinnspiel-Rätsel werden wochenweise auf der Internetseite des Radiosenders veröffentlicht (siehe Abbildung).

Radio einschalten | Infos zur Sendung

Start | Sendungen | Aktionen | Team | Nachrichten | Veranstaltungen | Sender | Kontakt

Informationen:

1. Die elektromagnetischen Wellen unseres Radiosenders haben die doppelte **Amplitude** wie der Graph der Sinusfunktion f mit $f(x) = \sin x$.

2. Die elektromagnetischen Wellen unseres Radiosenders sind in einer der folgenden Abbildungen rot dargestellt.
Zum Vergleich: Der schwarz eingezeichnete Graph gehört zur Sinusfunktion f mit $f(x) = \sin x$.

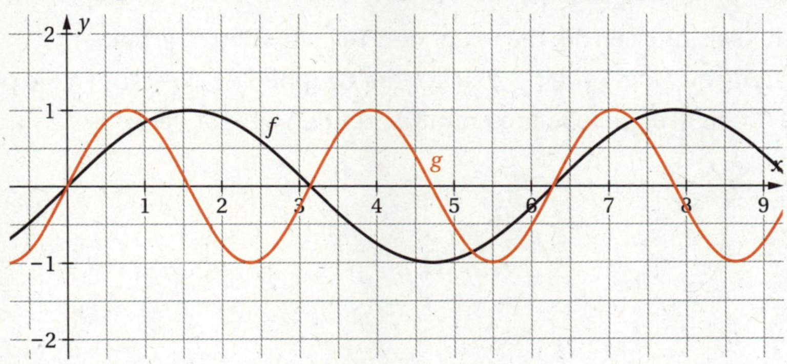

Abb. 1

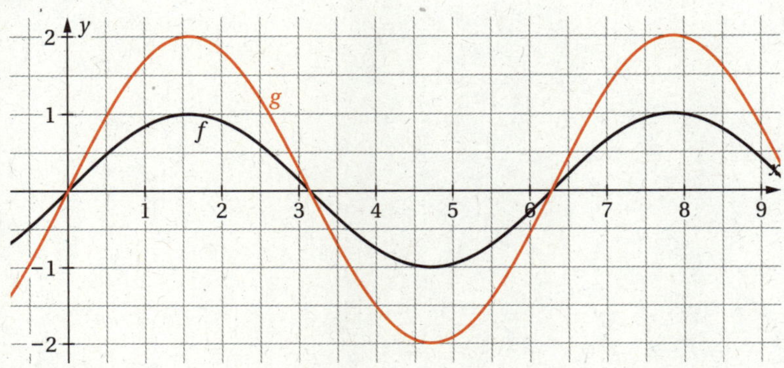

Abb. 2

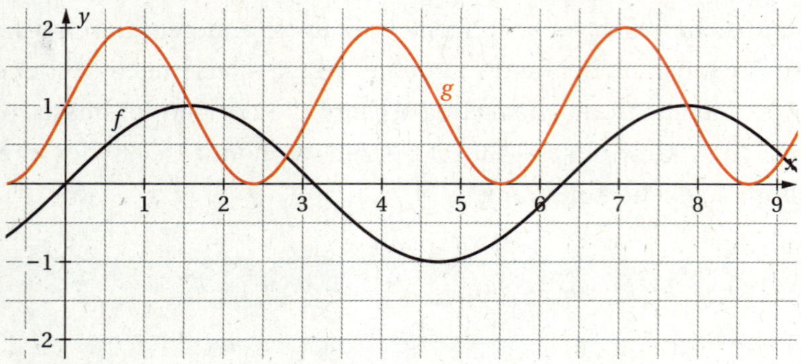

Abb. 3

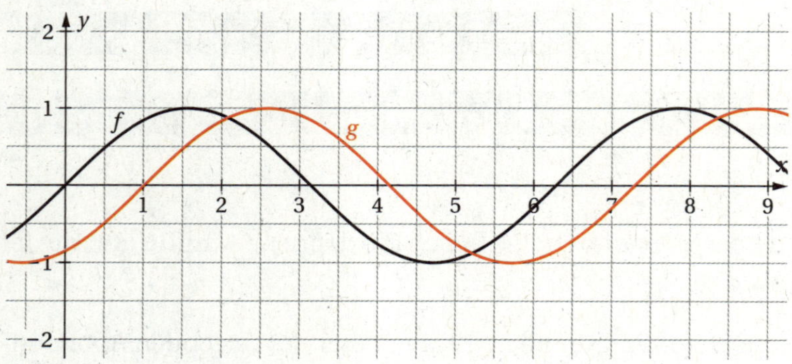

Abb. 4

Zur Auflösung des Gewinnspiel-Rätsels müssen Sie die folgenden Teilaufgaben bearbeiten:

a) Geben Sie die Funktionsgleichung zu allen rot eingezeichneten Graphen an. Bestätigen Sie die jeweilige Funktionsgleichung durch geeignete Regression. Verwenden Sie dazu jeweils mindestens fünf selbstgewählte Punkte.

b) Beschreiben Sie beim Graphen aus Abb. 4 die Veränderung der Kurve gegenüber der Sinuskurve von f mit $f(x) = \sin x$. Verwenden Sie in dem Zusammenhang den Begriff **Phasenverschiebung**.

c) Damit Sie eine Gewinnchance haben: Begründen Sie, welcher Graph zum Radiosender passt.

Ihre Zusammenfassung

Begriffe

- Sinusfunktion
- Amplitude
- Phasenverschiebung

2.6 Vergleich von Potenz-, Exponential- und Sinusfunktionen

Lernsituation: Ertragswerte eines besonderen Kraftwerks

Handlungssituation: Das Meeresströmungs-Kraftwerk

Die Geschäftsführung des stromerzeugenden Konzerns *AEN* hat entschieden, das operative Geschäft des Unternehmens zukünftig regenerativ auszurichten. Aus diesem Grund ist geplant, ein Meeresströmungs-Kraftwerk zu errichten und in Betrieb zu nehmen. Meeresströmungs-Kraftwerke nutzen einen hohen Tidenhub aus. Die starken Wasserströmungen treiben dabei Rotorblätter an – ähnlich wie der Wind bei Windenergieanlagen. Ein Generator wandelt die Bewegungsenergie des Rotors dann in elektrischen Strom um.

Für die weitere Planung möchte die Geschäftsführung von *AEN* eine Funktion zur Verfügung haben, mit der sich zukünftige Ertragswerte des Kraftwerks abschätzen lassen. Als Basis für die Funktion sollen Messwerte eines Meeresströmungs-Kraftwerks dienen, das sich bereits in Betrieb befindet. Als Mitarbeiter bzw. Mitarbeiterin in der Controlling-Abteilung von *AEN* ist es Ihre Aufgabe, eine entsprechende Funktion anzunähern und diese der Geschäftsführung zu präsentieren.

Die exemplarische Messung der Stromerzeugung bei dem bereits installierten Meeresströmungs-Kraftwerk zu ausgewählten Zeitpunkten vor einem Niedrigwasser $(t = 0)$ ergab die folgenden Messwerte:

Zeitpunkt t vor Niedrigwasser in Stunden	−6	−5	−4	−3	−2	−1	−0,5	0
Stromertrag in Kilowatt	6	107	248	298	212	69	18	0

Auftrag

Ermitteln Sie eine geeignete Funktionsgleichung, mit der sich zukünftige Ertragswerte zu beliebigen Zeitpunkten abschätzen lassen, und prüfen Sie sie auf Eignung.

Für die Erledigung des Auftrags sind einige Teilaufgaben zu bearbeiten:

a) Prognostizieren Sie für $t \in \{0{,}5;\ 1;\ 2;\ 3;\ 4;\ 5;\ 6\}$ den Stromertrag, indem Sie die entsprechenden Punkte in das abgebildete Koordinatensystem einzeichnen.

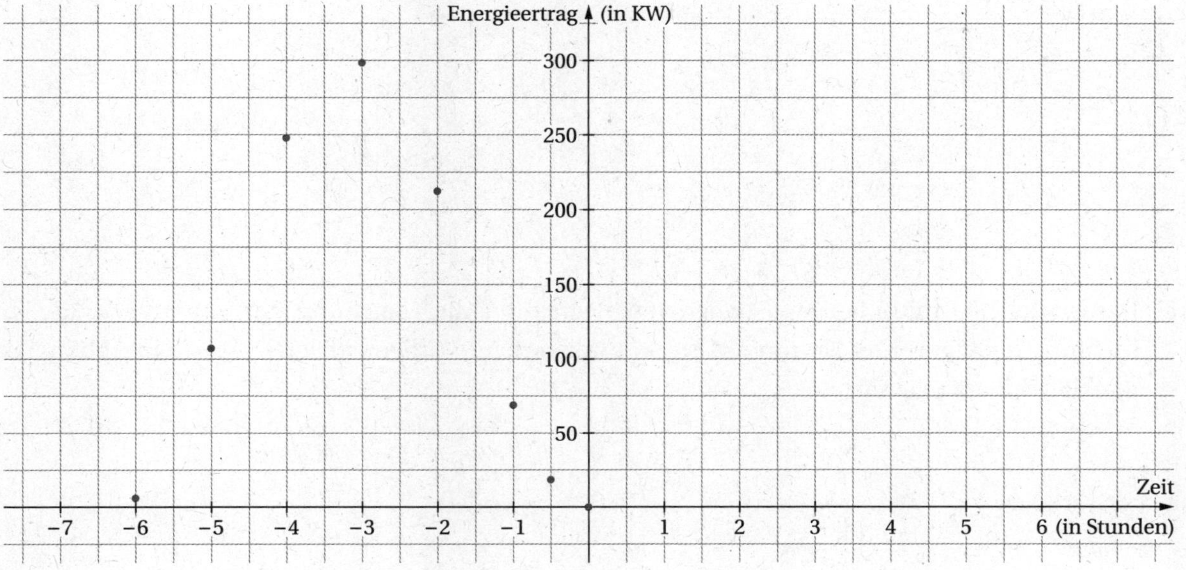

b) Das Controlling von *AEN* sieht nur die Funktionsklassen „Potenzfunktionen“, „Exponentialfunktionen“ und „Sinusfunktionen“ in der engeren Auswahl. Da lediglich eine Funktionsklasse infrage kommt, begründen Sie den Ausschluss der anderen beiden Funktionsklassen. Verwenden Sie dabei die Begriffe **Symmetrie** und **Grenzwertverhalten (Globalverhalten)** für $t \to -\infty$ bzw. für $t \to +\infty$.

c) Bestimmen Sie mithilfe einer geeigneten Regression die Gleichung der Funktion e, die Ihrer Meinung nach geeignet ist, um die Messwerte sowie die prognostizierten Werte in Abhängigkeit von der Zeit anzugeben.

Schlussfolgerung

Vorstellung Ihrer gewählten Funktion zur Annäherung an die Messwerte in Abhängigkeit von der Zeit und Begründung Ihrer Wahl:

Anwendungsaufgaben

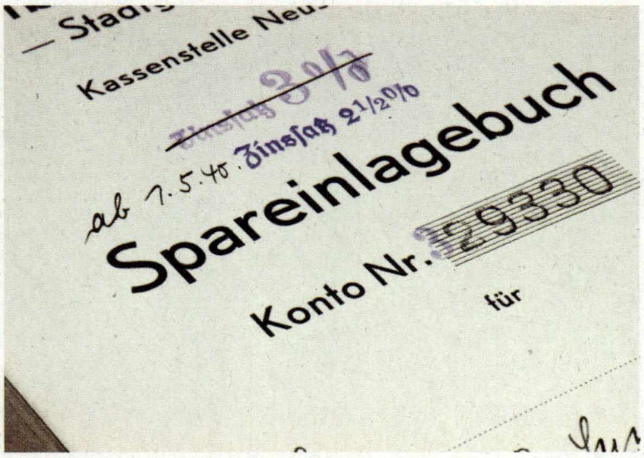

1 In der Süddeutschen Zeitung wurde am 07. März 2011 darüber berichtet[1], dass ein Vater 52 Jahre zuvor ein Sparbuch für seinen Sohn angelegt hatte. Der Vater zahlte damals 106 000,00 DM ein. Da der Vater früh verstarb, wurde das Sparbuch zunächst an die Ehefrau vererbt. Diese legte es in eine Schublade, worin es bis zum Tode der Frau im Jahr 2007 liegen blieb. Der Sohn des Paares, also der ursprüngliche Adressat des Sparbuchs, suchte einen Anwalt auf, um einschätzen zu lassen, ob die Bank den Betrag mit Zinsenzinsen zahlen müsste. Zwar schätzte der Anwalt die Chancen als gut ein, dennoch weigerte sich die Bank, den Betrag auszuzahlen. Nach einem langwierigen Rechtsstreit war zum Zeitpunkt der Berichterstattung noch nicht eindeutig geklärt, ob der Sohn das Geld von der Bank erhält. Wenn es allerdings zur Auszahlung kommt, müsste die Bank einen Betrag von rund 300 000,00 € zahlen.

a) Berechnen Sie den Betrag, den der Sohn zum Zeitpunkt des Sparbuchfundes in den Händen gehalten hat, wenn von einem Zinssatz in Höhe von 3 % ausgegangen werden kann. Eine DM hat einen Wert von 0,511 292 €.

b) Bestimmen Sie den Jahreszinssatz, der für die Berechnung der 300 000,00 € zugrunde gelegt wurde.

[1] https://www.sueddeutsche.de/geld/das-vergessene-sparbuch-prozent-rendite-fuer-jahre-1.1068711

c) Bestimmen Sie eine geeignete Funktion, die zum jeweiligen Zeitpunkt t in Jahren den angesparten Betrag in Euro abbildet. Da das Sparbuch im Jahr 2007 gefunden wurde, sei dieser Zeitpunkt $t = 0$. Der zugrunde gelegte Bankzinssatz ist 3,35 %.

d) Füllen Sie die folgende Tabelle aus und begründen Sie, warum die in Teilaufgabe c) nicht verwendeten Funktionsklassen tatsächlich nicht infrage kommen.

	$\lim\limits_{x \to -\infty} f(x)$	$\lim\limits_{x \to +\infty} f(x)$	$\lim\limits_{x \to 0^-} f(x)$	$\lim\limits_{x \to 0^+} f(x)$	Symmetrie?
$f(x) = x^n$, $n \in \mathbb{N}$ gerade					
$f(x) = x^n$, $n \in \mathbb{N}$ ungerade					
$f(x) = x^z$, $z \in \mathbb{Z}_{<0}$ gerade					
$f(x) = x^z$, $z \in \mathbb{Z}_{<0}$ ungerade					
$f(x) = x^{\frac{a}{b}}$, $a \in \mathbb{N}$, $b \in \mathbb{Z}^*$					
$f(x) = b^x$, $0 < b < 1$					
$f(x) = b^x$, $b > 1$					
$f(x) = \sin x$					

2 *Dessino* ist ein Künstler, der auf unnötige Verpackungen für Waren jeglicher Art hinweisen möchte. Diese Botschaft übermittelt er, indem er die Industrie nachahmt und große Gegenstände wie Autos, Bagger oder unterschiedliche Großraumbehälter übertrieben und für den Betrachter provokativ verpackt. Ähnlich wie Industrieunternehmen verwendet er dafür Standardgrößen wie das DIN-A-Format, bei dem das Verhältnis zwischen Breite und Höhe eines Blattes immer $1:\sqrt{2}$ ist.

a) Füllen Sie für *Dessino* folgende Tabelle aus, damit dieser für zukünftige Projekte schnell abschätzen kann, welche Fläche er bei gegebener Breite verkleiden muss oder welche Seitenlänge für eine bestimmte Fläche notwendig ist.[1)]

Breite in m	1		5		15	20		
Fläche in m²		12,73		141,42			684,48	883,88

b) Geben Sie die Funktionsgleichung für A an, die in Abhängigkeit von der Breite x die Fläche angibt, und zeigen Sie, dass diese durch Dehnung einer Potenzfunktion hervorgegangen ist.

Ihre Zusammenfassung

Begriff

- Symmetrie

1) Hinweis: Es wird nur mit grob gerundeten Zahlen gerechnet.

2.7 Ganzrationale Funktionen

Lernsituation: Ein Schuhhersteller und seine besonderen Funktionen

Handlungssituation 1: Kosten eines Sportschuhs für eine Laufveranstaltung

Jedes Jahr findet in Ostfriesland eine besondere Laufveranstaltung statt, die quer durch die Region geht und sich über drei Wochen und sechs Etappen im Mai hinzieht. Aus diesem Anlass bringt das Unternehmen *Nima*, das sich auf die Herstellung von Sportschuhen spezialisiert hat, alljährlich einen passenden Laufschuh auf den Markt.

Frau Burchard, die Geschäftsführerin von *Nima*, plant weit im Voraus und hat Sie als Mitarbeiter bzw. Mitarbeiterin in die Planungen zur Herstellung des neuen Schuhs *Runaway* miteinbezogen. Aufgrund der großen Beliebtheit der Laufveranstaltung rechnet Frau Burchard mit einem täglichen Absatz des geplanten Schuhs, der voraussichtlich ein Jahr lang anhalten wird.

Für die Herstellung des Schuhs *Runaway* geht Frau Burchard von einem ertragsgesetzlichen Kostenverlauf aus. In dem angenommenen Fall steigen die Kosten bis zu einer gewissen Menge **unterproportional**, danach steigen sie **überproportional**. Eine genaue Angabe dazu kann Frau Burchard noch nicht machen, da durch die Auslagerung der Produktion in der letzten Zeit häufiger nicht vorhersehbare zusätzliche Kosten entstanden sind.

Aus diesem Grund hat die mit der Kostenanalyse beauftragte Controlling-Abteilung mehrere Szenarien durchgespielt. Die Grundlage für die Modellierung war eine **ganzrationale Funktion** dritten Grades, die zusätzlich mit dem Unsicherheitsfaktor a versehen wurde.

Die durch den **Parameter** a entstandene Schar[1] der Kostenfunktionen K_a, die jeweils die Menge der verkauften Schuhe in ME auf die Kosten in GE abbildet, wurde von der Controlling-Abteilung durch die Gleichung $K_a(x) = 0{,}001\,ax^3 - 0{,}03x^2 + 0{,}3x + 2$ angegeben.

Sie sollen nun eine Übersicht für Frau Burchard erstellen und die möglichen Werte, die der Parameter a annimmt, abgrenzen. Zudem sollen Sie Frau Burchard begründet darstellen, welcher Parameterwert für die Kostensituation von *Runaway* wünschenswert ist.

Auftrag

Bestimmen Sie die Werte für a, die Sie für die Kostensituation von *Runaway* annehmen können. Begründen Sie, welchen dieser Werte die Geschäftsführerin von *Nima*, Frau Burchard, für das Produkt anstreben sollte.

[1] Eine Schar von Funktionen ist ein Bündel von mehreren Funktionen, die durch eine Gleichung mit einem Parameter (hier a) beschrieben werden können.

Für die Erledigung des Auftrags sind einige Teilaufgaben zu bearbeiten:

a) Begründen Sie mithilfe des **Globalverhaltens**, dass $a < 0$ nicht infrage kommen kann.

Tipp: Lassen Sie sich durch den Taschenrechner zu unterschiedlichen Werten von a die Graphen ausgeben und beobachten Sie dann das Globalverhalten.

b) Begründen Sie, dass $a \notin [0; 1)$ ist.

c) Beschreiben Sie, welches **Glied** der ganzrationalen Funktion einen Einfluss auf das Globalverhalten der Kostenkurve hat.

Schlussfolgerung

Ihr begründeter Vorschlag für die Werte von *a*, die das Unternehmen *Nima* für die Kostensituation von *Runaway* annehmen kann, sowie Ihr Vorschlag, welcher dieser Werte angestrebt werden sollte:

Anwendungsaufgaben

1 Der Stiftehersteller *Line-Art* hat sich auf die Produktion von besonders robusten Stiften spezialisiert, die zum Beispiel in der Schule als Rotstift zum Einsatz kommen. Der derzeitige Marktpreis liegt bei 5,00 € pro Stift, die variablen Stückkosten betragen 3,00 € pro Stift. *Line-Art* rechnet mit monatlichen Fixkosten in Höhe von 30 000 €.

a) Bestimmen Sie die Erlösfunktion E, die variable Gesamtkostenfunktion K_V und die Fixkostenfunktion K_{Fix} für *Line-Art* und beschreiben Sie, zu welcher Funktionsklasse E sowie K_V gehören.

b) Bestimmen Sie das Globalverhalten der Kurven von E, K_V und K_{Fix}.

c) Zeigen Sie, dass die Gewinnfunktion G durch die Gleichung $G(x) = 2x - 30000$ dargestellt werden kann.

d) Bestimmen Sie das Globalverhalten der Kurve von G und beschreiben Sie, an welchem Glied der Gewinnfunktion sich das Globalverhalten orientiert. Verändern Sie zur Orientierung den Marktpreis auf 2,00 € pro Stift.

e) Bestimmen Sie die Anzahl der Stifte, die innerhalb von zwei Monaten hergestellt und verkauft werden sollten, damit das Unternehmen keinen Verlust erzielt.

2. Der Hersteller *PapierGut* stellt Druckerpapier für den deutschen Markt her. Für eine Mengeneinheit (1 ME = 2500 Blatt Papier) erzielt *PapierGut* einen Preis von 20 Geldeinheiten (GE). Das Papier wird an den beiden Standorten Emden und Lüneburg produziert. In Emden verursacht die Produktion von 1 ME Papier Kosten in Höhe von 2 GE. Die monatlichen Fixkosten belaufen sich dort wie in Lüneburg auf 18 000 GE. Die Funktion der variablen Gesamtkosten, die in Abhängigkeit von der hergestellten Menge (in ME) die variablen Gesamtkosten (in GE) abbildet, verläuft am Standort Lüneburg ertragsgesetzlich. Die Funktionsgleichung kann durch $K_V(x) = 0{,}000\,002x^3 - 0{,}0064x^2 + 6{,}3x$ angegeben werden.

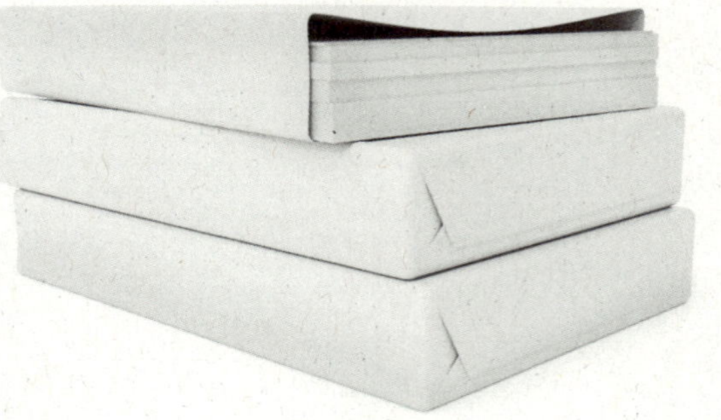

a) Bestimmen Sie die Gewinnfunktion G_{EMD} für den Standort Emden und zeigen Sie, dass der Gewinn für den Standort Lüneburg durch $G_{LG}(x) = -0{,}000\,002x^3 + 0{,}0064x^2 + 13{,}7x - 18\,000$ berechnet werden kann.

b) Bestimmen Sie das Globalverhalten der Gewinnkurven und beurteilen Sie, nach welcher Potenzfunktion sich dieses jeweils für den beschriebenen Fall orientiert.

Ihre Zusammenfassung

Begriffe

- Ganzrationale Funktion
- Glieder und Grad einer ganzrationalen Funktion
- Überproportionaler/unterproportionaler Anstieg der Kosten
- Ertragsgesetzliche Kostenfunktion
- Parameter

Handlungssituation 2: Die Gewinnsituation des Herstellers *Nima*

Der Schuhhersteller *Nima* hat inzwischen seinen neuen Laufschuh *Runaway* entwickelt und auf den Markt gebracht. Die Verkaufszahlen des Schuhs entsprechen bis zu diesem Zeitpunkt den Erwartungen. Frau Burchard, die Geschäftsführerin von *Nima*, ist sich jedoch unsicher, welche Mengen sie in einem Zeitraum mindestens und welche sie höchstens anbieten sollte, damit das Unternehmen keinen Verlust erzielt. Denn in der Vergangenheit gab es Situationen, in denen eine hohe Verkaufsmenge einen Verlust erzielt hat. Dies lag daran, dass die Mitarbeiter bei steigender Menge auch an den Wochenenden arbeiten mussten und daher hohe Tarifzulagen zu zahlen waren.

Frau Burchard fordert Sie als Mitarbeiter bzw. Mitarbeiterin auf, sich die Gewinnsituation des Produkts *Runaway* anzusehen. Dazu haben Sie von der Controlling-Abteilung die folgenden Informationen zum Gewinn erhalten: Die Gewinnfunktion G, die in Abhängigkeit von der verkauften Menge (in ME) den Gewinn (in GE) abbildet, kann durch eine ganzrationale Funktion vierten Grades modelliert werden. Von der auf dem mathematischen Definitionsbereich achsensymmetrischen Gewinnkurve ist aufgrund eines Missverständnisses nur bekannt, dass auf ihr die Punkte $P_1(-3\,|\,0)$ und $P_2(-4\,|\,73{,}5)$ liegen und dass die Fixkosten 108,9 GE betragen.

Auftrag

Ermitteln Sie die Gleichung der Gewinnfunktion für das Produkt *Runaway*. Sprechen Sie der Geschäftsführerin eine Empfehlung aus, welche Mengen von dem Produkt mindestens und welche höchstens in einem Zeitraum verkauft werden sollten.

Für die Erledigung des Auftrags sind einige Teilaufgaben zu bearbeiten:

a) Bestimmen Sie die Gleichung der ganzrationalen Gewinnfunktion vierten Grades.

b) Berechnen Sie alle **Nullstellen** der Gewinnfunktion *G*.

c) Bestimmen Sie die **Linearfaktordarstellung** der Gewinnfunktion *G*.

d) Beurteilen Sie die Aussage: *„Die Kurve einer Funktion vierten Grades hat fünf Nullstellen."*

Schlussfolgerung

Ihre Gleichung zur Gewinnfunktion und Ihre Begründung für die Mengen, die mindestens bzw. höchstens hergestellt und verkauft werden sollten:

Anwendungsaufgaben

1 Eine in Konkurrenz stehende Eisengießerei sieht sich für die Produktion von Edelstahl einer kubischen Kostenfunktion K gegenüber, die die Menge x auf die Kosten abbildet. Die Fixkosten betragen 1,8 Geldeinheiten (GE). Für die Produktion von 1 Mengeneinheit (ME) Edelstahl fallen Kosten in Höhe von 3,8 GE an. Bei einer Produktion von 3 ME entstehen Kosten in Höhe von 13,8 GE, bei 2 ME mehr betragen die Kosten insgesamt 71,8 GE. Dem gegenüber steht ein Stahlpreis in Höhe von 4,6 GE/ME. Die Kapazitätsgrenze liegt bei 8 ME.

a) Zeigen Sie, dass die Kostenfunktion, die die hergestellte Menge auf die Kosten in GE abbildet, durch die Gleichung $K(x) = x^3 - 3x^2 + 4x + 1{,}8$ gegeben ist. Geben Sie den ökonomischen Definitionsbereich $D_{ök}$ und den ökonomischen Wertebereich $W_{ök}$ für K an.

b) Bestimmen Sie für die Herstellung von Edelstahl die Gleichung zur Erlösfunktion E und zeigen Sie, dass die Gewinnfunktion G durch die Gleichung $G(x) = -x^3 + 3x^2 + 0{,}6x - 1{,}8$ gegeben ist.

c) Bestimmen Sie die Gewinnschwelle und die Gewinngrenze für den Edelstahl.

d) Geben Sie die Linearfaktordarstellung von G an.

e) Bestimmen Sie die Stelle(n), bei der/denen die Gewinnfunktion in ihrem ökonomischen Definitionsbereich den Funktionswert 3,4 annimmt, und interpretieren Sie Ihr(e) Ergebnis(se) im ökonomischen Sachzusammenhang.

Die Fixkosten haben sich aufgrund einer Umstrukturierung um 2 GE erhöht.

f) Erläutern Sie, warum sich zwar der maximale Gewinn verändert, jedoch die gewinnmaximale Ausbringungsmenge durch die Fixkostenerhöhung konstant bleibt.
Tipp: Skizze!

2. Das Unternehmen *BabyCarriage* ist ein erfolgreicher Hersteller von Kinderwagen. Der Gewinnverlauf für den Verkauf der Kinderwagen kann in Abhängigkeit der verkauften Menge in Mengeneinheiten (ME) durch den Graphen einer kubischen[1] Funktion G dargestellt werden. Die Fixkosten für die Herstellung betragen 12 Geldeinheiten (GE). Die Gewinnschwelle liegt bei $x = 3$ ME; werden 4 ME verkauft, so erzielt *BabyCarriage* 6 GE Gewinn. An der Kapazitätsgrenze von 10 ME würde das Unternehmen 42 GE Verlust erwirtschaften.

a) Geben Sie den ökonomischen Definitionsbereich $D_{ök}(G)$ an.

b) Bestimmen Sie die Gleichung zur beschriebenen Gewinnfunktion G.

c) Berechnen Sie die größte Ausbringungsmenge, bei der ein Verlust in Höhe von 6 GE anfällt.

[1] Eine kubische Funktion ist eine rationale Funktion dritten Grades.

d) Begründen Sie, welchen Grad die Kostenfunktion haben muss, wenn bekannt ist, dass die Erlösfunktion quadratisch ist.

3. Das Unternehmen *Aquaglas* hat sich als polypolistischer Anbieter von Wassergläsern einen Marktanteil von 25 % sichern können. Aus diesem Grund ist der Geschäftsführer Herr Windhorst der Ansicht, einen monopolistischen Preis für das Produkt auf dem Markt realisieren zu können. Sie sind Mitarbeiter bzw. Mitarbeiterin im Controlling und erklären ihm die polypolistische Marktsituation zum Produkt. Dazu stellen Sie das von Ihnen ermittelte zusammengefasste Angebot aller Anbieter für Wassergläser vor. Dieses richtet sich nach einer linearen Funktion p_A, die in Abhängigkeit von der angebotenen Menge den Angebotspreis abbildet. Die Gleichung ist $p_A(x) = 3 + 0{,}25x$. Zudem erklären Sie Herrn Windhorst, dass sich der Preis für ein Wasserglas, der sich in Abhängigkeit von der nachgefragten Menge ergibt, mithilfe einer quadratischen Funktion beschreiben lässt. Darüber hinaus ist bekannt, dass der Höchstpreis für 1 ME des Produkts bei 12 GE liegt, die Sättigungsmenge $x = 8$ ME ist und der eingependelte Gleichgewichtspreis 4 GE/ME beträgt.

a) Bestimmen Sie für weitere Überlegungen den ökonomischen Definitionsbereich für das Produkt.

b) Berechnen Sie Menge, die die gesamte Konkurrenz von *Aquaglas* verkauft.

c) Bestimmen Sie die quadratische Nachfragefunktion p_N.

Ihre Zusammenfassung

Begriffe

- Nullstellen
- Linearfaktordarstellung
- Grad einer ganzrationalen Funktion

Handlungssituation 3: Produktlebenszyklus eines Sportschuhs

„Nach dem Lauf ist vor dem Lauf." So sieht es auch Frau Burchard vom Unternehmen *Nima*, die für den Nachfolger von *Runaway* inzwischen erste Planungen anstellt. Um den neuen Laufschuh zu bewerben, möchte Frau Burchard eine aufwendige Marketingaktion genau zwei Wochen vor Verkaufsbeginn starten. Beendet werden soll die Aktion, wenn der wöchentliche Umsatz für den neuen Schuh unter 76 GE pro Woche fällt.
Die Unternehmensleitung rechnet damit, dass die Aktion vor Beginn der Laufveranstaltung Kosten in Höhe von 50 GE pro Woche verursacht, danach nur noch in Höhe von 40 GE pro Woche. Das Vorhaben soll ein Budget von 2500 GE nicht überschreiten, ansonsten würde die Werbemaßnahme früher beendet.

Aufgrund mehrerer unabhängig voneinander durchgeführter Markterhebungen konnte ein **Produktlebenszyklus** für das Nachfolgemodell modelliert werden. Mithilfe dieser Prognose kann der wöchentliche Umsatz ab Verkaufsbeginn des Sportschuhs durch die Funktion u, die in Abhängigkeit der Zeit t den wöchentlichen Umsatz angibt, abgeschätzt werden. Die Funktionsgleichung ist $u(t) = -0{,}01\,(t+14)(t+40)(t-38)$.

Der Graph ist in der folgenden Abbildung zu sehen:

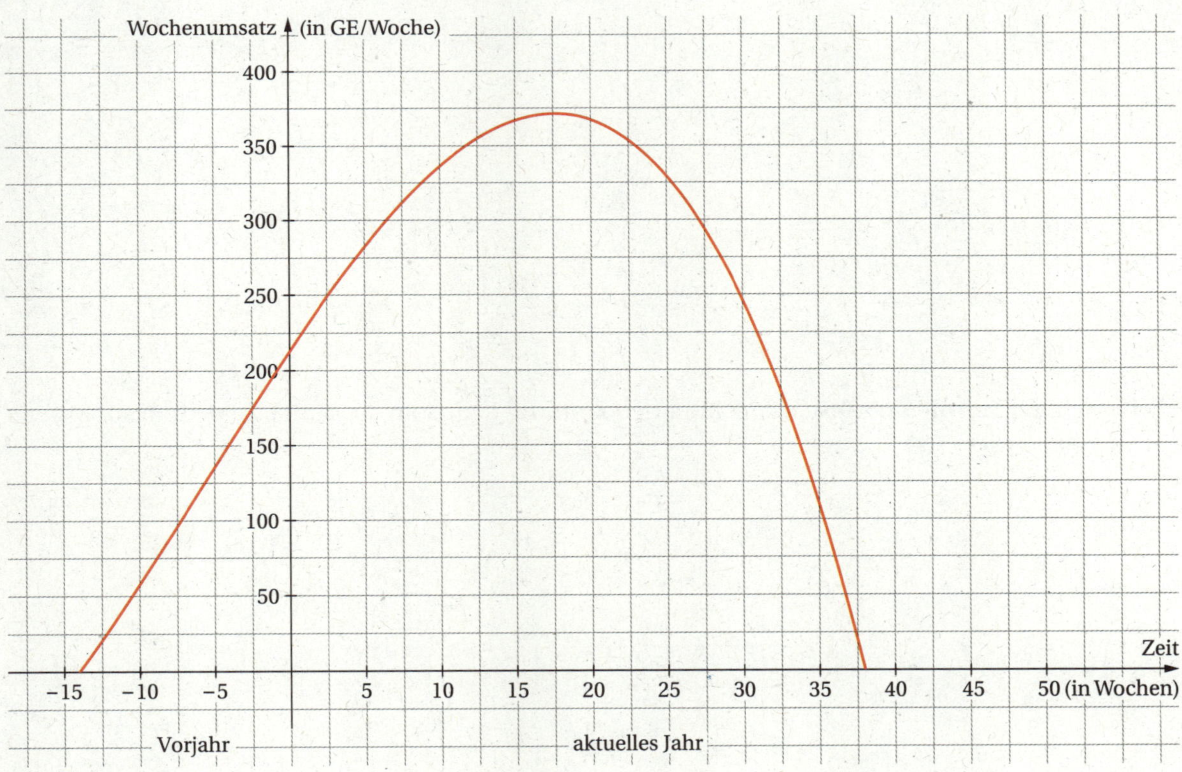

Der Zeitpunkt $t = 0$ stellt den Jahreswechsel dar. Die Unternehmensleitung rechnet mit dem höchsten Wochenumsatz beim Start der dreiwöchigen Laufveranstaltung.

Auftrag

Beurteilen Sie, ob die Marketingaktion auf Grundlage der Prognose wie geplant durchgeführt werden kann oder ob sie frühzeitig beendet werden muss.

Für die Erledigung des Auftrags sind einige Teilaufgaben zu bearbeiten:

a) Berechnen Sie den Erscheinungszeitpunkt des Nachfolgers von *Runaway*. Geben Sie den Zeitpunkt an, an dem die Marketingaktion gestartet wird.

b) Geben Sie den ökonomischen Definitionsbereich $D_{ök}$ von u an und interpretieren Sie das Ergebnis ökonomisch.

c) Berechnen Sie mit dem Taschenrechner den Zeitpunkt, an dem die Marketingaktion spätestens beendet wird.

d) Berechnen Sie mit dem Taschenrechner, zu welchem Zeitpunkt der Start der Laufveranstaltung im aktuellen Jahr ist. Bestätigen Sie das Ergebnis, indem Sie die Aufgabe am Graphen in der Abbildung lösen.

e) Geben Sie in Intervallschreibweise die Zeiträume an, in denen die Marketingaktion 50 GE pro Woche bzw. 40 GE pro Woche kostet.

Schlussfolgerung

Ihre Beurteilung, ob die Marketingaktion auf der Grundlage der Prognose wie geplant durchgeführt werden kann oder ob sie frühzeitig beendet werden muss:

Anwendungsaufgaben

1 Die Smartwatches der Firma *KLAX* erfreuen sich seit vielen Jahren bei den Kunden großer Beliebtheit. Für strategische Planungen hat die Controlling Abteilung zum jetzigen Zeitpunkt $t = 0$ die Umsätze der Vergangenheit ermittelt und zukünftige Umsätze geschätzt. Nun soll die jährliche Umsatzfunktion u bestimmt werden:

Zeitpunkt *t* in Jahre	−1	0	2	5	10
Jährlicher Umsatz in GE	30,25	50	64	43,75	0

Der Funktionsgraph von u, der in Abhängigkeit von der Zeit t den jährlichen Umsatz abbildet, lässt den Schluss zu, dass der Hochpunkt zum jetzigen Zeitpunkt noch nicht erreicht wurde.

a) Bestimmen Sie für spätere Berechnungen die Funktionsgleichung von u.

b) Berechnen Sie den Zeitpunkt, an dem das Produkt auf dem Markt eingeführt wurde.

c) Beurteilen Sie, ob der Hochpunkt des jährlichen Umsatzes zum jetzigen Zeitpunkt erreicht wurde.

d) Bestimmen Sie für die Funktion u den ökonomischen Definitions- und den ökonomischen Wertebereich.

2. Das Familienunternehmen *Hauser KG* stellt seit vielen Jahren Fernseher für gehobene Ansprüche her. Besonders erfolgreich ist das Unternehmen mit dem Premiumprodukt *TV100*.

Der geschätzte monatliche Absatz a, der in Abhängigkeit von der Zeit t den Absatz in ME pro Monat abbildet, wird für das Premiumprodukt durch die Gleichung $a(t) = 0{,}2\,t\,(t-8)^2$ beschrieben.

Der Junior-Geschäftsführer Arthur Hauser möchte das Produkt vom Markt nehmen, wenn der Absatz 1,4 ME pro Monat unterschreitet. Außerdem hat er für *TV100* besondere Werbemaßnahmen geplant, die entweder durchzuführen sind, wenn der monatliche Absatz seinen Höhepunkt hat oder wenn der monatliche Absatz 9 ME unterschreitet. Die Werbemaßnahmen für das Premiumprodukt sollen zum frühesten Zeitpunkt durchgeführt werden und mit dem Marktaustritt enden.

a) Bestimmen Sie den ökonomischen Definitionsbereich für die Funktion a.

b) Interpretieren Sie den Punkt $P(6|4{,}8)$ auf dem Graphen von a im ökonomischen Sachzusammenhang.

c) Bestimmen Sie mithilfe des Taschenrechners den Zeitraum der Werbemaßnahmen für das Produkt *TV100*.

Ihre Zusammenfassung

Begriff

- Produktlebenszyklus

3 Lernbereich: Ableitungen

3.1 Steigungen und Änderungsraten

Lernsituation: Wenn kleinste Veränderungen große Auswirkungen haben – Teil 1

Handlungssituation: Kraftstoffverbrauch beim Krankentransport

Das Unternehmen *Liegt-Gut* hat sich auf Krankentransporte spezialisiert. Um auf lange Sicht konkurrenzfähig zu bleiben, möchte die Geschäftsführerin Frau Steffens einige Sparmaßnahmen umsetzen. Sparpotenzial sieht sie zum Beispiel beim Kraftstoffverbrauch der Transportfahrzeuge. Um einen Überblick über die aktuellen Kraftstoffverbräuche zu erhalten, soll für eine Analyse beispielhaft eine Tour von einem der Krankenwagenfahrer, Herrn Kemal, herangezogen und ausgewertet werden. Dazu wurde in seinem Fahrzeug ein Gerät installiert, das den Kraftstoffverbrauch vom Beginn der Fahrt bis zum 35 km entfernten Ziel aufzeichnet. Frau Steffens möchte eine genaue Übersicht über den Kraftstoffverbrauch auf der zurückgelegten Strecke erhalten und hat Sie mit der Auswertung der aufgezeichneten Daten beauftragt.

Die aufgezeichneten Daten konnten durch die Funktion S angenähert werden, die den Kraftstoffverbrauch in Abhängigkeit von der zurückgelegten Strecke angibt. Die Funktionsgleichung lautet: $S(x) = 0{,}00015x^3 - 0{,}009x^2 + 0{,}26x$.

Die Abbildung zeigt den Graphen zur Funktion S sowie den Punkt B, dessen Abszissenwert den Streckenabschnitt angibt, zu dem der abgebildete Tacho aufgenommen wurde.

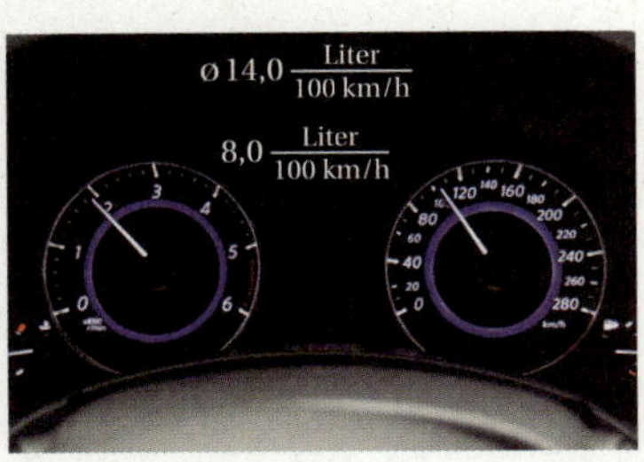

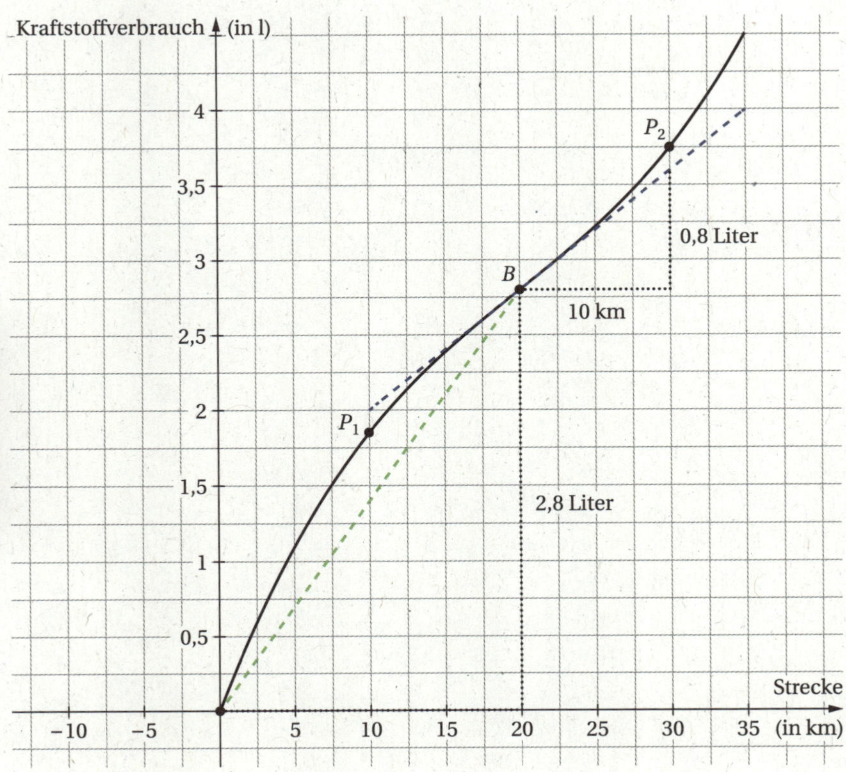

Auftrag

Ermitteln Sie einen Graphen, der in Abhängigkeit von der gefahrenen Strecke (in km) den momentanen Kraftstoffverbrauch (**momentane Änderungsrate**) angibt.

Für die Erledigung des Auftrags sind einige Teilaufgaben zu bearbeiten:

a) Ordnen Sie der im Koordinatensystem eingezeichneten **Sekante** eine der Anzeigen im Tacho zu und beschreiben Sie den Sachverhalt. Verwenden Sie in dem Zusammenhang den Begriff **mittlere Änderungsrate**.

b) Im Tacho gibt es neben der in Teilaufgabe a) beschriebenen Anzeige eine weitere mit der Angabe *„Liter pro 100 km"*. Beschreiben Sie im Sachzusammenhang, was dieser Wert aussagt. Verwenden Sie dabei auch die Begriffe **Tangente** sowie Tangentensteigung bzw. **lokale Änderungsrate**.

c) Zeichnen Sie für die Stellen $x = 10$ sowie für $x = 30$ am Graphen von S eine Tangente ein. Beschreiben Sie Ihr grundsätzliches Vorgehen beim Einzeichnen der Tangenten.

Im Zuge der Auswertung berichtet Ihnen Herr Kemal, dass sich die Anzeige des Tachos mit der Angabe *„ø Liter pro 100 km"* während der Fahrt kaum verändert hat, die andere Anzeige dagegen stark. Er glaubt, dass bei der Anzeige mit der Angabe *„ø Liter pro 100 km"* ein Startmesswert und ein Verbrauchswert der jeweils aktuellen Situation für die Messung genutzt werden.

Bei der anderen Anzeige vermutet Herr Kemal, dass ein Verbrauchswert der aktuellen Situation mit einem kurz darauffolgenden Wert für die Messung verwendet werden.

d) Untersuchen Sie die Vermutung von Herrn Kemal zur unteren Anzeige des Tachos, indem Sie den Messwert rechnerisch annähern. Berechnen Sie dazu den **Differenzenquotienten** mit der x-Methode sowie mit der h-Methode. Nutzen Sie die Tabelle.

Beobachtungs-punkt	Vergleichspunkt	Horizontal-Abstand h	x-Methode $\frac{S(x)-S(20)}{x-20}$	h-Methode $\frac{S(20+h)-S(20)}{h}$
$B(20\|2{,}8)$	$A(22\|2{,}9612)$	2	0,0806	0,0806
$B(20\|2{,}8)$	$A(21\|2{,}8802)$	1		
$B(20\|2{,}8)$	$A(20{,}5\|\quad)$			
$B(20\|2{,}8)$	$A(20{,}1\|\quad)$			
$B(20\|2{,}8)$	$A(20{,}01\|\quad)$			
$B(20\|2{,}8)$	$A(20{,}003\|\quad)$			

e) Bestimmen Sie den **Differenzialquotienten** mit der x-Methode sowie mit der h-Methode. Beurteilen Sie auf der Grundlage Ihres Ergebnisses, ob die Vermutung von Herrn Kemal zutrifft.

Mit der x-Methode: $\lim\limits_{x \to 20} \frac{S(x)-S(20)}{x-20} =$

Mit der h-Methode: $\lim\limits_{h \to 0} \frac{S(20+h)-S(20)}{h} =$

e) Wiederholen Sie die Berechnung für die momentane Änderungsrate der Streckenabschnitte $x = 10\,\text{km}$, $x = 15\,\text{km}$, $x = 25\,\text{km}$ sowie $x = 30\,\text{km}$. Nutzen Sie dazu die verkürzte Tabellenform:

	$x = 8$	$x = 9{,}5$	$x = 9{,}98$	$x \to 10^-$	$x \to 10^+$	$x = 10{,}02$	$x = 10{,}5$	$x = 11$
$\frac{S(x)-S(10)}{x-10}$								

	$x = 14{,}1$	$x = 14{,}6$	$x = 14{,}99$	$x \to 15^-$	$x \to 15^+$	$x = 15{,}01$	$x = 15{,}5$	$x = 16$
$\frac{S(x)-S(15)}{x-15}$								

	$x = 24{,}8$	$x = 24{,}95$	$x = 24{,}99$	$x \to 25^-$	$x \to 25^+$	$x = 25{,}01$	$x = 25{,}2$	$x = 25{,}3$
$\frac{S(x)-S(25)}{x-25}$								

	$x = 29{,}9$	$x = 29{,}95$	$x = 29{,}98$	$x \to 30^-$	$x \to 30^+$	$x = 30{,}02$	$x = 30{,}05$	$x = 31$
$\frac{S(x)-S(30)}{x-30}$								

f) Übertragen Sie Ihre Daten zur lokalen Änderungsrate in das untenstehende Koordinatenkreuz, so wie es für das Ausgangsbeispiel bereits vorgenommen wurde. Ermitteln Sie anschließend mithilfe einer geeigneten Regression eine Funktionsgleichung, die in Abhängigkeit von der gefahrenen Strecke die momentane Änderungsrate des Kraftstoffverbrauchs abbildet.

Schlussfolgerung

Ihr Graph sowie die Gleichung zur Funktion, die in Abhängigkeit von der gefahrenen Strecke die momentane Änderungsrate des Kraftstoffverbrauchs abbildet:

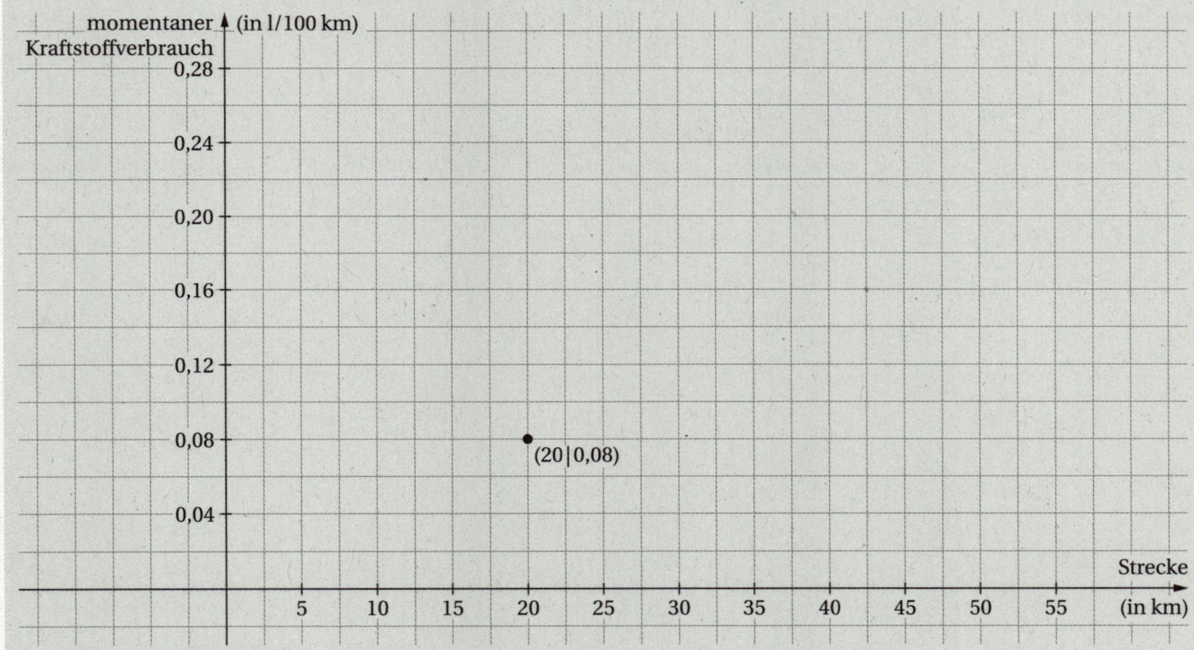

Anwendungsaufgaben

1 Hülya hat sich einen neuen Pkw gekauft. Der Verkäufer hat ihr zugesichert, dass der Wagen durchschnittlich 7 l/100 km verbraucht. Um zu überprüfen, ob die Angabe des Verkäufers stimmt, unternimmt Hülya eine 200 km lange Spritztour. Mithilfe digitaler Messgeräte wird der gesamte Kraftstoffverbrauch bis zum Streckenabschnitt x festgestellt.

Nach 10 km zeigt das Display im Auto den Wert von Anzeige 2 an, zum Ende der Spritztour hat Hülya die Multifunktionsanzeige weitergeschaltet und sieht auf dem Display Anzeige 1:

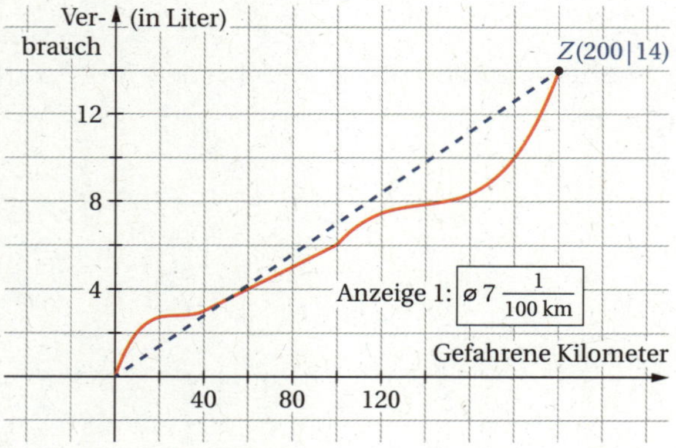

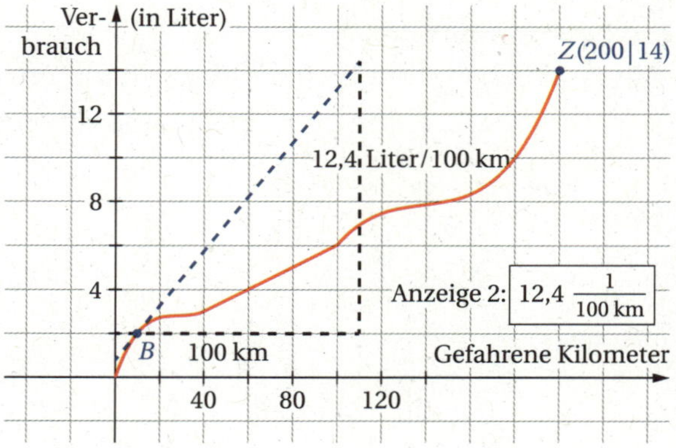

a) Erklären Sie mit Bezug zu dem Beispiel, welche Aussage Anzeige 1 hat.

b) Erklären Sie ausführlich anhand des Beispiels, was der Wert von Anzeige 2 aussagt.

c) Geben Sie an, bei welchem Kilometerstand der momentane Kraftstoffverbrauch annähernd 0 ist.

d) Geben Sie den Kilometerstand an, bei dem der Momentanverbrauch auf den letzten 100 km der Tour am geringsten ist.

2. Das Unternehmen *NewTec* stellt Produkte für die Unterhaltungsindustrie her und möchte in Kürze *Toppi* auf den Markt bringen, eine neuartige Hardware, mit der man laut *NewTec* 3D-Spiele neu erleben kann. Nach vorsichtigen Schätzungen geht man von einer Gewinnsituation für das neuartige Produkt aus, die sich darstellen lässt durch die Gewinnfunktion G mit $G(x) = -x^3 + 12x^2 - 21x - 18$, die die Menge x in ME auf den Gewinn in GE abbildet.
Zur Besprechung der Markteinführung von *Toppi* sitzt die Geschäftsleitung von *NewTec* mit den verantwortlichen Mitarbeitern aus dem Verkauf und der Produktion zusammen. Der Verkaufsleiter präsentiert zur Veranschaulichung der Situation den Graphen der Gewinnfunktion (Abb. 1). Abbildung 2 ist für Erläuterungen der momentanen Gewinnänderungsrate während der Sitzung vorgesehen. Der verantwortliche Mitarbeiter aus der Produktion weist während der Besprechung darauf hin, dass die Kapazitätsgrenze für die Produktion von *Toppi* bei $x_{Kap} = 10$ ME erreicht ist.

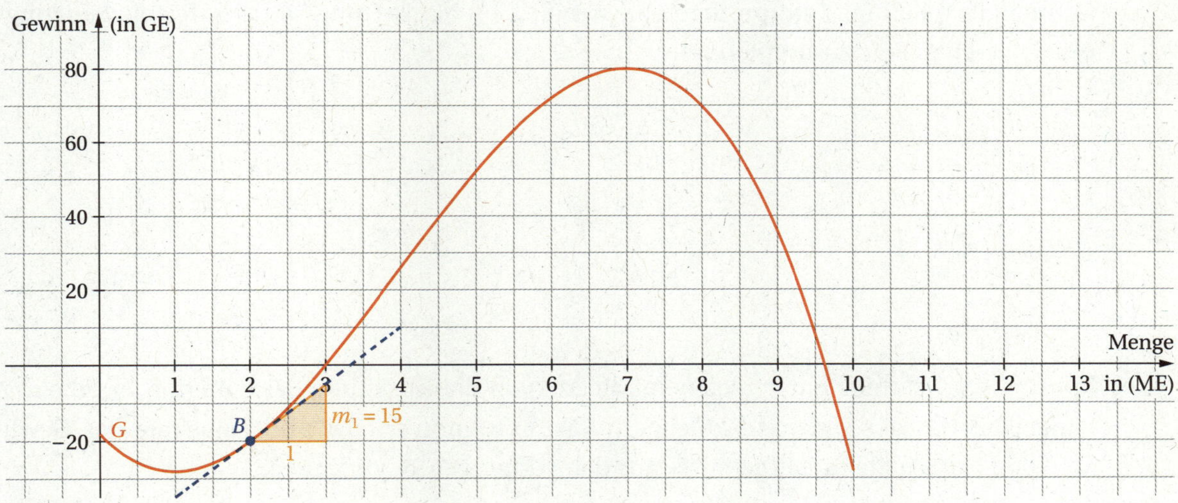

Abb. 1

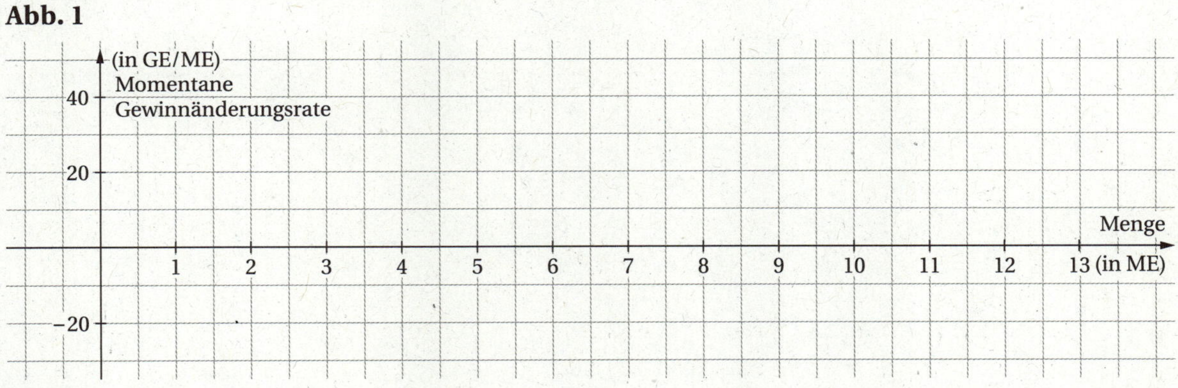

Abb. 2

a) Beschreiben Sie als Verkaufsleiter, welche Bedeutung die Tangente mit der Steigung $m_t = 15$ im Punkt $B(2|-20)$ hat. Übertragen Sie den Wert der Steigung in das Koordinatensystem in Abb. 2.

b) Ermitteln Sie mithilfe der Gewinnkurve den Punkt, an dem die Tangentensteigung ebenfalls $m_t = 15$ beträgt. Übertragen Sie die gefundene Stelle mit dem Steigungswert in Abb. 2.

c) Zeichnen Sie im Punkt $T(1|-28)$ eine Tangente an den Graphen der Gewinnfunktion. Zeigen Sie, dass die Tangentensteigung hier 0 ist. Nutzen Sie dazu die vereinfachte Tabelle und tragen Sie beispielhaft angenäherte Stellen ein. Übertragen Sie für die Stelle $x = 1$ die Tangentensteigung in Abb. 2.

				$x \to 1^-$	$x \to 1^+$			
$\frac{G(x) - G(1)}{x - 1}$								

d) Zeichnen Sie in einem weiteren Punkt eine Tangente ein, bei der die Steigung des Graphen von G ebenfalls 0 beträgt. Interpretieren Sie für die Geschäftsleitung von *NewTec* die Steigung im ökonomischen Sachzusammenhang.

e) Ermitteln Sie mithilfe einer geeigneten Regression die Gleichung der Funktion m_t, die in Abhängigkeit von der verkauften Menge (in ME) die momentane Änderungsrate des Gewinns abbildet. Nutzen Sie Ihre Ergebnisse aus den vorherigen Teilaufgaben.

Ihre Zusammenfassung

Begriffe

- Sekante
- Tangente (in einem Punkt)
- Mittlere Änderungsrate bzw. Sekantensteigung m_s
- Momentane oder lokale Änderungsrate bzw. Tangentensteigung m_t
- Differenzenquotient nach der x-Methode und nach der h-Methode
- Differenzialquotient nach der x-Methode und nach der h-Methode

3.2 Zusammenhänge zwischen Graphen von Funktionen und deren Ableitungsgraphen

Lernsituation: Wenn kleinste Veränderungen große Auswirkungen haben – Teil 2

Handlungssituation 1: Gewinnsituation des Transportunternehmens

Das Unternehmen *Liegt-Gut* hat seine Krankentransporter auf Autogas umgerüstet und konnte so die Kraftstoffkosten senken. Für eine Fahrt, die durchschnittlich 35 km lang ist, fallen nun Kraftstoffkosten in Höhe von 5,50 Geldeinheiten (GE) an. Betrachtet man die Anzahl der Fahrten in Mengeneinheiten (ME), so ergibt sich zusammen mit weiteren Kosten die Funktion *K*, die die Anzahl der Fahrten auf die Gesamtkosten in GE abbildet. Sie wird für $D_{ök} = [0; 12]$ durch die Gleichung $K(x) = -1{,}375\,x^3 + 24{,}75\,x^2 + 18x + 20$ beschrieben. Im Vergleich dazu erzielt das Unternehmen einen Preis von 150,00 GE pro ME.

Die Geschäftsführerin Frau Steffens ist der Ansicht, dass bei der Durchführung von 8 ME der Krankentransporte der Gewinn am höchsten ist. Sie als Mitarbeiter bzw. Mitarbeiterin von *Liegt-Gut* zweifeln dies an.

Zur Veranschaulichung legen Sie Frau Steffens den Graphen der Gewinnfunktion vor:

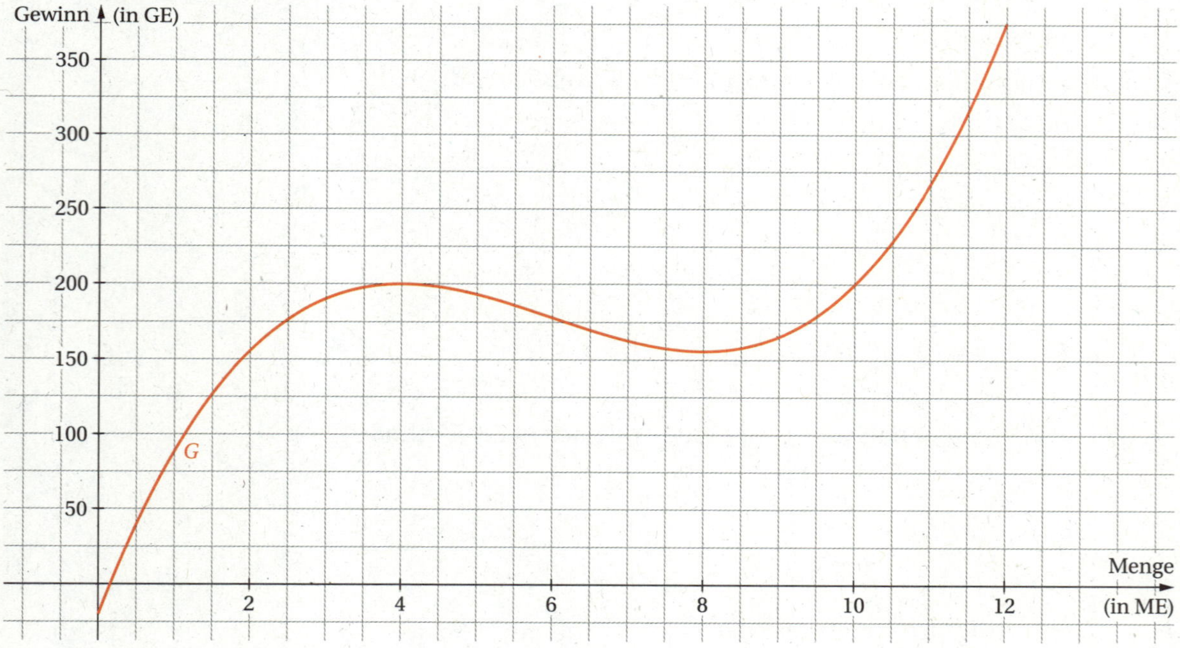

Frau Steffens bittet Sie, Ihre Meinung rechnerisch darzulegen.

Auftrag

Beurteilen Sie die Ansicht der Geschäftsführerin und berechnen Sie gegebenenfalls unter Angabe des erzielbaren Gewinns die Anzahl der Fahrten in ME, die durchgeführt werden sollten.

Für die Erledigung des Auftrags sind einige Teilaufgaben zu bearbeiten:

a) Zeigen Sie, dass sich die Gewinnfunktion durch die Gleichung G mit $G(x) = 1{,}375x^3 - 24{,}75x^2 + 132x - 20$ beschreiben lässt.

b) Ermitteln Sie die Gleichung der Funktion, die in Abhängigkeit von der Menge die momentane Änderungsrate des Gewinns in GE/ME abbildet. Nennen Sie diese Funktion **Ableitungsfunktion** von G und bezeichnen Sie sie mit G'. Nutzen Sie für Ihre Gleichungsbestimmung geeignete **Ableitungsregeln**.

Tipp: In der vorherigen Handlungssituation mussten Sie bereits die Gleichungen für die momentane Änderungsrate einer Funktion (mittels Regression) bestimmen. Tragen Sie die mittels Regression ermittelten Funktionsgleichungen in die untere Zeile der Tabelle ein.

Aufgabe	**Handlungssituation,** S. 109	**Aufgabe 2,** S. 115
Gleichung der Ausgangsfunktion	$S(x) = 0{,}000\,15x^3 - 0{,}009x^2 + 0{,}26x$	$G(x) = -x^3 + 12x^2 - 21x - 18$
Gleichung der Ableitungsfunktion		

c) Zeigen Sie, dass bei $x = 8$ ME Fahrten zwar eine lokale **Extremstelle** von G vorliegt, diese jedoch nicht zum höchsten Gewinn führt. Weisen Sie mithilfe der **hinreichenden Bedingung** für lokale Extremstellen Ihre Erkenntnis nach.

Schlussfolgerung

Ihre Beurteilung zur Aussage der Geschäftsführerin und Ihr Vorschlag zur Anzahl der durchzuführenden Fahrten:

Anwendungsaufgaben

1 *Ghost* ist ein Hersteller von sportlichen Oberhemden für gehobene Ansprüche. Die Gewinnsituation für das Hemd *FitMen*, das *Ghost* seit zwei Jahren hochpreisig auf dem Markt verkauft, lässt sich der Gewinnfunktion G mit $G(x) = -\frac{5}{32}x^3 + \frac{19}{16}x^2 + \frac{21}{8}x - \frac{35}{4}$ entnehmen. Dabei wird die Anzahl der Hemden in Mengeneinheiten (ME) auf den Gewinn in Geldeinheiten (GE) abgebildet. Der Geschäftsleitung von *Ghost* liegt Abb. 1 vor, in der der Graph der Gewinnfunktion in seinem eingeschränkten ökonomischen Definitionsbereich zu sehen ist.

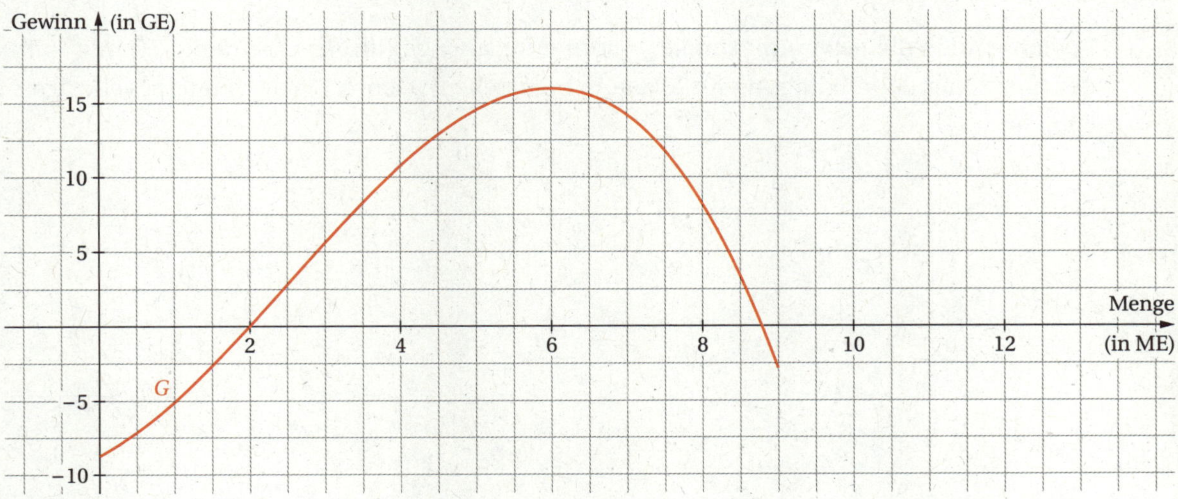

Abb. 1

a) Nennen Sie der Geschäftsleitung von *Ghost* ein Beispiel für einen eingeschränkten ökonomischen Definitionsbereich. Geben Sie außerdem für die Gewinnfunktion der Oberhemden *FitMen* den ökonomischen Definitionsbereich an.

b) Skizzieren Sie zur Veranschaulichung der Gewinnentwicklung den Graphen von G' in das Koordinatensystem in Abb. 2.

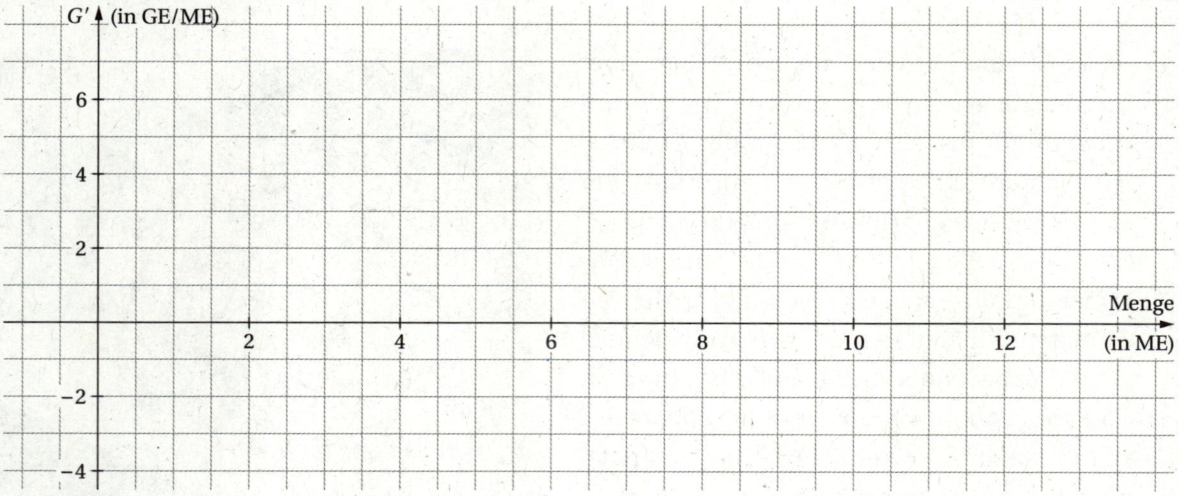

Abb. 2

c) Berechnen Sie die gewinnmaximale Ausbringungsmenge für das Oberhemd *FitMen* (mithilfe der hinreichenden Bedingung für lokale Extremstellen). Geben Sie auch den zugehörigen Gewinn an.

d) Beurteilen Sie die folgende Aussage mit Bezug auf das Beispiel: *„Eine Extremstelle befindet sich immer in der Mitte zweier Nullstellen"*.

2. Beim Verkauf spezieller asiatischer Bäume sieht sich der Importeur *AsiaTree* in einer monopolistischen Marktstellung. Vor allem das Produkt *SaiBon* ist sehr beliebt bei den Kunden, was sich auch in den Verkaufszahlen zeigt. Der nachgefragte Preis von *SaiBon* in Abhängigkeit von der Menge orientiert sich an der linearen Preis-Absatzfunktion p mit $p(x) = -2{,}5x + 50$. Die Kosten für das Produkt richten sich aufgrund der schwierigen Lieferbedingungen nach einer kubischen Kostenfunktion K. Eine Auflistung gibt Aufschluss über die Kostenstruktur:

x **in ME**	0	5	10	15
$K(x)$ **in GE**	20	47,5	72,5	155

Sie als Mitarbeiter bzw. Mitarbeiterin von *AsiaTree* sollen sowohl die Verkaufsmenge als auch den Marktpreis des Produkts *SaiBon* kritisch prüfen.

a) Bestimmen Sie für *SaiBon* den ökonomischen Definitionsbereich $D_{ök}(p)$.

b) Ermitteln Sie die Erlösfunktion E des Baums *SaiBon* und berechnen Sie die erlösmaximale Ausbringungsmenge.

c) Bestimmen Sie die Kostenfunktion K und zeigen Sie, dass der Gewinn durch G mit der Gleichung $G(x) = -0{,}08x^3 - 1{,}25x^2 + 40{,}25x - 20$ beschrieben werden kann.

d) Geben Sie eine begründete Empfehlung für eine Menge an, die *AsiaTree* von dem Baum *SaiBon* verkaufen sollte. Bestimmen Sie für diesen Fall den Preis pro Baum.

Ihre Zusammenfassung

Begriffe

- Ableitungsfunktion
- Ableitungsregeln (Potenz-, Faktor, Summen- und Differenzregel)
- Lokaler Extrempunkt/lokale Extremstelle
- Notwendige Bedingung für lokale Extremstellen
- Hinreichende Bedingung für lokale Extremstellen
- Randextrempunkte
- Monotonieverhalten

Handlungssituation 2: Kleinster Kostenanstieg beim Krankentransport

Das Unternehmen *Liegt-Gut* nutzt nach Ihren Vorschlägen nun seine Kapazitäten voll aus. Die Geschäftsführerin Frau Steffens möchte das Image des umweltbewussten Unternehmens gerne ausbauen und gleichzeitig die Kosten senken. Daher soll nun das Fahrverhalten der einzelnen Fahrer noch genauer analysiert werden.

Zunächst werden exemplarisch die Fahrten von Herrn Kemal untersucht. Der Kraftstoffverbrauch in Abhängigkeit von den gefahrenen Kilometern konnte bei ihm durch die Funktion S mit $S(x) = 0{,}000\,15x^3 - 0{,}009\,x^2 + 0{,}26x$ modelliert werden. Die gemessene Fahrtstrecke war 35 km lang, ein Liter Kraftstoff kostet zurzeit 1,40 €. Der Graph zur Kostenfunktion K_s, die in Abhängigkeit von den gefahrenen Kilometern die Kraftstoffkosten in Euro abbildet, ist in Abb. 1 dargestellt.

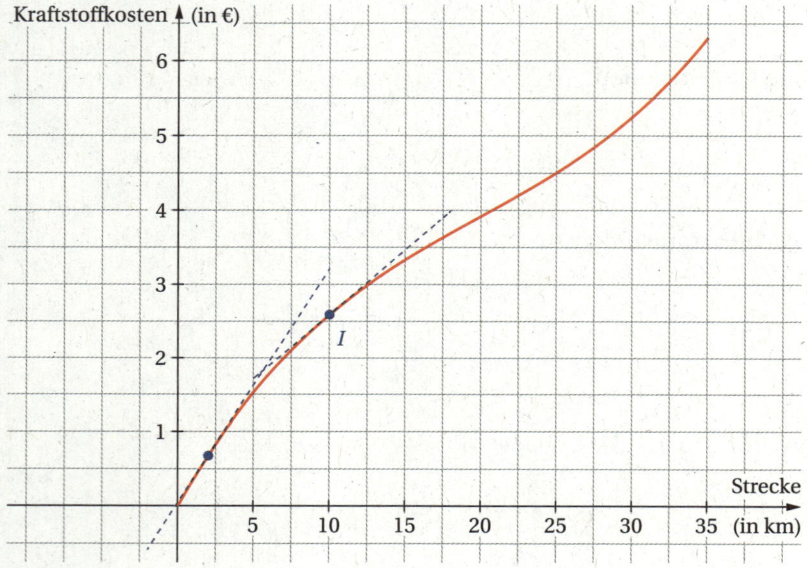

Abb. 1

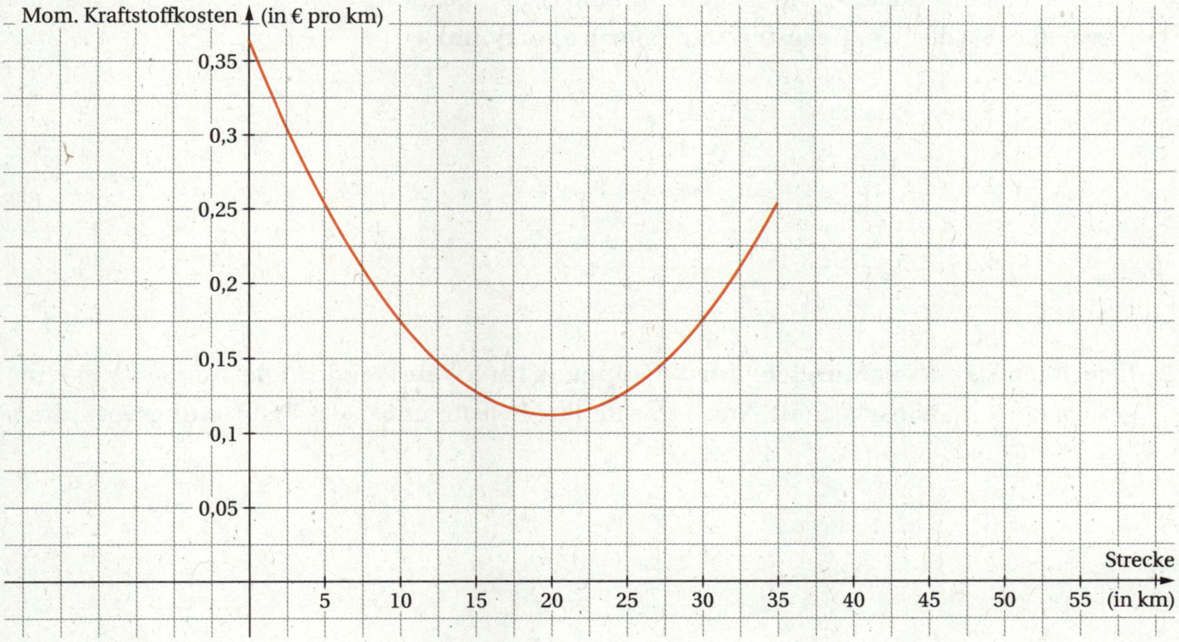

Abb. 2

Mit Blick auf Abb. 2 ist der Geschäftsführerin Frau Steffens aufgefallen, dass der Kostenzuwachs beispielsweise von $x = 2\,\text{km}$ auf $x = 10\,\text{km}$ abnimmt. Dies ist für das Unternehmen auch wünschenswert. Allerdings musste Frau Steffens ebenso feststellen, dass ab einer gewissen Stelle der Kostenzuwachs wieder zunimmt. Genau an dieser Stelle, so vermutet es Frau Steffens, fühlen sich einige Fahrer zum Beschleunigen ermutigt. Sie sieht hier ein Sparpotenzial und beauftragt Sie damit, diese Stelle zu ermitteln, um das Fahrverhalten der Fahrer dort zu verändern.

Auftrag

Bestimmen Sie die Stelle x_w, bei der von abnehmenden Kostenzuwächsen auf zunehmende Kostenzuwächse gewechselt wird, damit die Fahrer dazu angehalten werden können, in diesen Fällen ihr Fahrverhalten zu verändern.

Für die Erledigung des Auftrags sind einige Teilaufgaben zu bearbeiten:

a) Zeigen Sie, dass die Gleichung zur Funktion K_S durch $K_S(x) = 0{,}000\,21\,x^3 - 0{,}0126\,x^2 + 0{,}364\,x$ gegeben ist.

b) Zeichnen Sie die Stelle x_w am Graphen in Abb. 1 ein. Begründen Sie Ihre Entscheidung und verwenden Sie die Begriffe **unter-** und **überproportional**.

c) Berechnen Sie mit der **hinreichenden Bedingung für lokale Wendestellen** die Stelle, die zum geringsten Kostenanstieg führt. Nutzen Sie für Ihre Berechnungen das **Krümmungsverhalten**.

Schlussfolgerung

Ihr Vorschlag für die Stelle x_w, die für die Kostensenkung wichtig ist:

Anwendungsaufgaben

1 Die Gewinnfunktion für den Anbau und den Verkauf von Kartoffeln lässt sich für einen landwirtschaftlichen Betrieb durch die Gleichung $G(x) = -x^3 + 8x^2 - x - 22$ beschreiben. In der Abbildung ist der Graph der Gewinnfunktion bis zu seiner Kapazitätsgrenze zu sehen.

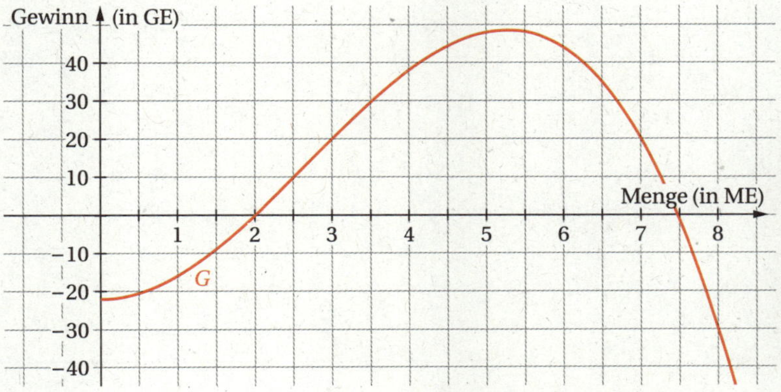

a) Bestimmen Sie den ökonomischen Definitionsbereich und den ökonomischen Wertebereich der Gewinnfunktion.

b) Bestimmen Sie die Nullstellen von G und interpretieren Sie Ihr Ergebnis im ökonomischen Sachzusammenhang.

c) Zeigen Sie, dass der höchste Gewinn durch eine andere Ausbringungsmenge erzielt wird als der höchste Gewinnanstieg.

2. Ein Hersteller von Mikrofonen hat wegen der hohen Produktqualität im Segment Dolby Surround eine monopolistische Marktstellung. Die Kosten für das Premiumprodukt *Mikro DS Profi 1* können der Kostenfunktion K mit $K(x) = x^3 - 12x^2 + 57x + 20$, die in Abhängigkeit der Anzahl der hergestellten Mikrofone in Mengeneinheiten (ME) die Kosten in Geldeinheiten (GE) abbildet, entnommen werden. Die Funktion E mit der Gleichung $E(x) = 350x - x^2$ gibt die Erlöse an ($x \mathrel{\hat{=}}$ Menge der verkauften Mikrofone in ME; $y \mathrel{\hat{=}}$ Erlöse in GE, die durch den Verkauf der Mikrofone erzielt werden). Die Kapazitätsgrenze ist bei 400 ME.

a) Bestimmen Sie den ökonomischen Definitionsbereich $D_{ök}$ zum Sachverhalt.

b) Zeigen Sie, dass die Gewinnfunktion G durch $G(x) = -x^3 + 11x^2 + 293x - 20$ gegeben ist.

c) Berechnen Sie das Gewinnmaximum und geben Sie dem Monopolisten eine Empfehlung hinsichtlich des Preises.

d) Bestimmen Sie die Ausbringungsmenge, bei der der Gewinnanstieg am stärksten ist.

Der Produktionsleiter beklagt sich, dass ab einer ihm noch unbekannten Stückzahl die Gesamtkosten überproportional steigen.

e) Bestimmen Sie die Herstellmenge, ab der die Gesamtkosten überproportional ansteigen. Zeigen Sie, dass sie vorher unterproportional zunehmen.

Ihre Zusammenfassung

Begriffe

- Überproportionaler Anstieg
- Unterproportionaler Anstieg
- Wendestelle
- Notwendige Bedingung einer lokalen Wendestelle
- Hinreichende Bedingung einer lokalen Wendestelle
- Krümmungsverhalten einer Funktion

Bildquellenverzeichnis

Fotos

stock.adobe.com, Dublin: S. 5 (Givaga), S. 10.2 (BillionPhotos.com), S. 12 (Givaga), S. 16 (Sandy1983), S. 20 (Givaga), S. 25 (xiaoliangge), S. 30.2 (Daniel Ernst), S. 33 (Kir Smyslov), S. 36 (Wellnhofer Designs), S. 41.1 (Piman Khrutmuang), S. 43 (by-studio), S. 47 (kolotype), S. 50.1 (industrieblick), S. 55.1 (Scanrail), S. 59.1 (Mariya), S. 62 (922production), S. 68 (beatrice prève), S. 70 (showcake), S. 73 (Dan Race), S. 76 (Kara), S. 77.3 und 4 (bluedesign), S. 84 (breedfoto), S. 87 (Björn Wylezich), S. 90 (Brian Jackson), S. 92 (robynmac), S. 94 (DNY3D), S. 96 (marmoset), S. 98 (photollurg), S. 100 (s-photo), S. 101 (luismolinero), S. 103.1 (the_lightwriter), S. 106 (mipan), S. 107 (Cobalt), S. 109.1 (dreibirnen), S. 110 (Sven Krautwald), S. 114.1 (Supertrooper), S. 118.1 (Luftbildfotograf), S. 121.1 (Sergey Ryzhov), S. 123 (zhu difeng), S. 126.1 (M.Jenkins), S. 129.2 (LIGHTFIELD STUDIOS)

Zeichnungen

Angelika Brauner/Bildungsverlag EINS: S. 23

Umschlagfotos: stock.adobe.com (contrastwerkstatt), (Gunnar Assmy)/Dublin

Wir arbeiten sehr sorgfältig daran, für den Abdruck aller Bilder die Rechteinhaberinnen und Rechteinhaber zu ermitteln. Sollte uns dies im Einzelfall nicht vollständig gelungen sein, werden berechtigte Ansprüche selbstverständlich im Rahmen der üblichen Vereinbarungen abgegolten.